환경생태미래연구총서 Ⅳ

일본도시 공원과 녹지
도시별 생명공간

이경재 저

환경생태미래연구총서 Ⅳ
일본도시 공원과 녹지 도시별 생명공간

초판 1쇄 발행 | 2018년 10월 22일

지 은 이 | 이경재
발 행 인 | 이상춘
발 행 처 | 광일문화사

주 소 | 서울특별시 강남구 학동로 323
전 화 | (02) 517-5555
팩 스 | (02) 545-5786

ⓒ 이경재, 2018 Printed in Korea
ISBN 978-89-86752-65-6 (93480)

값 60,000원

* 잘못된 책은 구입하신 곳에서 바꿔드립니다.
* 이 책의 판권은 지은이와 광일문화사에 있습니다.
  양측 서면 동의 없는 무단 전재 및 복제를 금합니다.

들어가는 글

　요즈음, 2018년 7, 8월 최고기온이 서울은 섭씨 40도를 육박하여 110년 기상관측상 제일 덥다고 합니다. 기압배치에서 열대고기압이 자리를 굳건하게 지키는 보기 드문 현상인데, 지구온난화에 원인이 있다고 합니다. 작년 기후온난화 방지를 위한 파리협약에서 미국이 탈퇴, 각 국가가 몇 년에 걸쳐 작성한 온난화 원인 물질인 탄산가스 등의 배출량의 감축 및 실행계획을 완전하게 무효화시켰습니다. 탄산가스 배출량이 1, 2위인 미국과 중국이 협약에서 탈퇴를 하니, 적극적으로 감축량 계획을 세웠던 나라들은 허공만 쳐다보는 수 밖에….

　세계 탄산가스 배출량 6, 7위권인 우리나라도 타의적으로 배출량을 감축시키려는 노력을 하지 않아도 되는지 기후온난화 감축을 위한 논의 조차도 하지 않고 있지요. 기후온난화가 전 지구적인 문제라면 도심 열섬화는 지역적인 문제지요. 대도시일수록, 살아 있는 흙을 콘크리트나 아스팔트로 덮고, 그 위에 20~100층의 초고층 건물을 계속 건설하고 있습니다. 도로는 아무리 신설, 확장하여도 계속 늘어나는 자동차들로 꽉 차버립니다. 도심은 고층건물과 자동차에서 배출되는 열기로 용광로 수준에 도달되었습니다. 이번 더위(2018년)를 모든 사람들이 체험하였습니다. 너무 열이 심해 사망한 사람들이 40명이 넘어섰고, 더위를 자연재해에 포함시키는 문제까지 등장할 정도입니다.

　도시민들을 용광로에서 탈출시켜야 합니다. 도시열섬화는 사람의 생명을 위협하고 있습니다. 그런데도 도심 대지에 포장을 해서 광장을 조성하려는 계획은 계속되고 있습니다. 사람을 살려야 하지요. 시민을 죽이는 도심 포장은 그만하고, 덮여 있는 포장면을 뜯어내고 녹지를 만들어야 합니다. 도심에서 한 평의 녹지를 확보하는 일이 제일 중요한 보건복지 정책입니다 현재 도시열섬화는 사회적 약자를 포함하여 모든 사람들의 삶을 초토화시키고 있습니다. 이보다 시급한 과제가 또 있습니까!

　점점 심해지는 도시열섬화에 우리는 누구를 믿고 살아야 합니까. 행정당국자가 시민과 한마음이 되어 많은 재정을 투자하여 성과를 내지 않으면 도지히 희망이 없습니다.

불과 지난 15~20년 전만해도 서울에서는 북한산-한강-관악산 녹지축을 연결, 바람길 조성계획을 수립하여 토론회까지 열었습니다. 한강 북쪽 녹지축이 남산과 종묘를 연결하려면 세운상가를 어떻게 할 것인가를 두고 뜨거운 논쟁을 벌이던 일이 생각납니다. 그러나 경제불황, 주민복지 등으로 이런 계획은 이젠 아무 관심도 두지 않습니다. 오히려 서울 도심에서는 고층건물이 계속 지어지고, 광화문광장 포장 확장 계획까지 나옵니다. 텔레비전 뉴스에서 날씨만 더워졌다 하면 열화상 카메라까지 동원해서 흥미꺼리로 이야기할 뿐 치유책은 아무도 이야기하지 않습니다.

저는 과거세대입니다. 현재와 미래세대는 어떻게든지 좋은 환경에서 살아야 하는데 기껏 물려준다는 것이 펄펄 끓는 용광로 도시입니다. 정말 미안하고 안타깝습니다. 도시열섬화 문제가 먹고 사는 일보다 더 중요한 시대가 도래했습니다. 어떻게 살겠습니까. 어떤 일이 제일 중요합니까.

일본도시 12개소, 100여 개소 장소를 돌아 보았습니다. 도시열섬화 문제를 어떤 방식으로 해결하고 있는지를 관심을 갖고 살펴 보려 노력했습니다. 토쿄, 오사카 등 대도시에서는 도심 녹지량 배가에 노력하는 모습이 눈에 띨 정도로 달라지고 있었습니다. 가로 띠 녹지가 가로숲으로, 공개공지에 물길조성, 복층구조의 녹지, 옥상이 숲과 논으로 변해가고 있었습니다. 여름에 너무나 뜨거운 콘크리트바닥을 뜯어내지 않고도 녹화를 실행하고, 콘크리트 벽면은 계속 녹화하고 있었습니다. 이런 노력을 하고 있는 토쿄가 2020년 올림픽을 치루면서 어떻게 변모할지 궁금합니다.

오사카는 평지도시이면서 옛부터 상인의 도시로 도심에 넓은 녹지가 없는 도시입니다. 그러나 도시열섬화문제가 심각해지자 요도강(淀川), 도심, 바다를 연결하는 녹지계획을 수립, 실행하고 있었습니다. 오사카는 최근 도심 공개공지와 재개발 지역에 작지 않은 연못과 실개천을 적극적으로 만들고 있고, 공개공지에 복층구조의 녹지를 적극적으로 조성하고 있습니다.

일본도시에서는 가로숲 조성이 야생조류 이동통로이고, 풀벌레들 서식처라고 합니다. 저는 도시에서의 녹지공간은 사람뿐만 아니라 여러 생명체들이 사는 공간으로도 만들어야 한다는 마음에서 도시녹지를 「도시생명공간」의 개념으로 가야 한다고 생각하고 있습니다. 오늘 이 더운날에도 포장석 틈에서 한포기 풀이 자라고 있습니다. 본래 이 대지는 이들의 생명공간이었습니다. 인간들이 점령, 모두

몰아내고 인간끼리 살아보려 애쓰지만, 열기 가득한 도시건설 부작용으로 이제 자연을 모셔 올 수 밖에 없게 되었습니다.

　자연은 모든 생명체의 보금자리입니다. 사람이 자연의 생사존망(生死存亡)을 갖고 있는 것이 아닙니다. 사람도 자연의 구성체일 뿐입니다. 몰아낸 자연을 도심에 모셔와 도시열섬화 화근을 갈아 앉힐 수 있는 지혜를 모아야 합니다. 교과서적인 지식은 필요없고, 실행 가능한 현실적인 지혜가 필요합니다.

　도심에서의 생명체 공간의 복원은 지혜, 시간, 끈기가 필요합니다. 그러나 서울에서는 반(半) 자연적인 북한산, 남산, 관악산등 40~50년 된 숲이 있습니다. 이들에서 지식을 얻고, 지혜를 낸다면 서울 도심에 생명공간을 복원할 수 있겠지요.

　일본사례가 조금이라도 도움이 되었으면 좋겠습니다. 이 책 출판에 도움을 주신 유이마사아키(油井正昭) 교수님, 타다(多田正見) 구장님, 하세가와(長谷川和男) 전 이사장님, 에도가아구 환경재단 직원분들, 토목부 직원분들께 감사드립니다. 아울러 항상 여러모로 도움을 주시는 나의 임, 40여 년의 인연 속에 묵묵히 출판해 주시는 광일문화사 이상춘사장님께 감사드립니다.

2018년　몹시 더운 8월 어느 날..
학인(學人)　이 경 재

차 례

제1부 토쿄(東京) 에도가와구(江戶川區) 공원녹지_1

1. 에도가와구 개황_3
   1) 에도가와구와의 인연_3
   2) 에도가와(江戶川)구 개황_4
   3) 에도가와구 친수(親水)정책_4
   4) 에도가와구 버런티어 조직_5
   5) 에도가와구 환경재단(環境財團)_8

2. 친수공원(親水公園)_8
   1) 후루카와(古川) 친수공원_10
   2) 코마츠가와사카이가와(小松川境川) 친수공원_12
   3) 신나가시마가와(新長島川) 친수공원_16
   4) 신사콘가와(新左近川)친수공원_18
   5) 이치노에사카이가와(一之江境川)친수공원_21

3. 친수녹도(親水綠道)_25
   1) 카사이신스이시키노미치(葛西親水四季の道)_25
   2) 카미코이와(上小岩) 친수녹도_27
   3) 코노(興農) 친수녹도_29
   4) 류보리신스이하나노미치(流堀親水Hananomichi)_32

5) 나카이보리(仲井堀) 친수녹도_33

　　6) 시노다보리(篠田堀) 친수녹도_35

　　7) 사콘가와(左近川) 친수녹도_38

4. 에도가와구(江戸川區) 공원_40

　　1) 카사이린카이(葛西臨海)공원_40

　　2) 종합레크레이션 공원_45

　　3) 쿄센공원(行船公園)과 자연동물원 50

5. 에도가와구(江戸川區) 대하천(大河川)_53

　　1) 아라카와(荒川)와 나카가와(中川)_54

　　2) 신카와(新川)_56

　　3) 구나카가와(旧中川)_59

6. 에도가와구의 가로수와 가로녹지_62

7. 기타_67

　　1) 코이와(小岩) 꽃창포원(花菖蒲園)_67

　　2) 이치노에나누시야시키(一之江名主屋敷)_72

　　3) 요오코오마츠(影向松)_75

제2부 토쿄(東京) 공원녹지_77

1. 토쿄도 자연개황_79

2. 토쿄도(東京都)의 공원_80

　　1) 신쥬쿠교엔(新宿御苑)_81

　　2) 히비야(日比谷)공원_88

　　3) 시바(芝)공원_93

      4) 우에노온사공원(上野恩賜公園)_96

      6) 히카리가오카(光か丘)공원_104

      7) 토쿄도립농업공원(東京都立農業公園)_110

      8) 토쿄 디즈니랜드(Disneyland)_113

      9) 요요기공원(代々木公園)_116

  3. 메이지진구교엔(明治神宮御苑)_123

  4. 가로녹지와 공개공지_128

      1) 토쿄 가로수 산책로(東京街路樹散步道)_129

      2) 토쿄도청(東京都廳) 인근 가로녹지_134

      3) 토쿄역 야에스(八重州) 광장과 재개발지역_138

      4) 오다이바(お台場) 녹지_143

      6) 요요기(代々木)공원 앞 가로녹지_149

      7) 롯폰기(六本木)힐즈타워 녹지_151

      8) 스미다가와(隅田川) 리버시티_155

  5. 세타가야(世田谷)구 녹도_161

      1) 시로야마(城山) 지구_168

      2) 타마뉴타운센타 지구_168

      3) 미나미오사와(南大澤) 지구_168

제3부 치바(千葉), 츠쿠바, 센다이(仙台) 공원녹지_177

1. 치바(千葉) 아오바(靑葉)삼림공원(森林公園)_179

2. 이바라키(茨城) 츠크바시 가로녹지_185

3. 센다이(仙台) 느티나무 가로수길_190

제4부 요코하마(橫浜) 공원녹지_197

1. 공원과 녹지_197

　　1) 오도오리(大通り)공원_197

　　2) 요코하마(橫浜)공원_201

　　3) 니혼오도오리(日本大通り)_204

　　4) 야마시다(山下)공원_207

　　5) 카나자와(金澤) 완충녹지_209

　　6) 코호쿠(港北)뉴타운_213

　　7) 조이나스백화점 옥상조경_218

2. 가로녹지_221

　　1) 바샤미치(馬車道)_221

제5부 나고야(名古屋)공원녹지_225

1. 나고야성(名古屋城)_227

2. 메이죠공원(名城公園)_230

3. 히사야오도오리(久屋大通り)공원_235

제6부 오사카(大阪) 공원녹지_253

1. 오사카성과 매화원_253

2. OAP 지역_255

3. OBP 지역_258

4. 난바파크_260

5. 도시녹화식물원(都市綠化植物園)_264

7. 만박(万博) 기념공원_273

8. 나카시마(中島)공원_279

9. 미도스지(御堂筋) 가로녹지_282

    1) 남항 야조공원(野鳥園)_285

    2) 남항 주택단지 녹지_288

11. 센리(千里) 지구_291

    1) 센리 산책녹도(Senri Green Promenade)_291

    2) 센리(千里) 중앙공원_295

12. 우메다(梅田)스카이 빌딩 공개공지_298

    1) 우메다스카이 빌딩 녹지_298

    2) 희망의 벽(希望の壁; Wall of Hope)_303

13. Grand Front Osaka_305

제7부 고베(神戶) 공원녹지_309

1. 포트 아일랜드(Port Island)_311

2. 롯코 아일랜드(六甲 Island)_316

3. 플라워(Flower)로드_320

4. 메리겐파크_326

5. 고베시 가로녹지_330

    1) 구시가지 가로녹지_330

    2) 현청앞 가로녹지_333

제8부 히메지성(姬路城)과 가로녹지_337

1. 히메지성(姬路城)_339
2. 히메지 가로수길_345

제9부 오카야마(岡山)와 쿠라시키(倉敷) 공원녹지_351

1. 모모타로(桃太郎)대로_353
2. 니시가와(西川) 녹도공원_358
3. 쿠라시키(倉敷) 미관지구_363

제10부 히로시마(廣島) 공원녹지_371

1. 헤이와오토리(平和通り) 가로녹지_373
2. 히로시마성(廣島城)_377
3. 평화공원_379

제11부 후쿠오카(福岡) 공원녹지_383

1. 후쿠오카 가로수_385
2. 텐진(天神)공원 아크로후쿠오카_387
3. 유후인(布引) -후쿠오카 자동차 도로변 삼림경관_392
4. 모모치 해변_394

제12부 나카사키(長崎)와 쿠마모토(熊本) 공원녹지_397

1. 하우스 텐보스(HUIS TEN BOSCH)_399
2. 나가사키 시내녹지_405
    1) 구라바 하우스_405
    2) 평화공원_409
3. 쿠마모토(熊本) 녹나무 가로수길_411
    참고문헌_414

제1부
토쿄(東京)
에도가와구(江戶川區) 공원녹지

제1부 토쿄(東京) 에도가와(江戸川)구 공원녹지

1. 에도가와구 개황

1) 에도가와구와의 인연

　도시별 공원녹지편에서 제일 먼저 소개하려는 지역은 토쿄시(東京市) 23개구 중 하나이고, 토쿄시 제일 동쪽에 위치한 에도가와(江戸川)구이다. 필자와 오랜 기간 인연을 갖고 있는 지역이다.

　1990년대 중반부터 외국 여러 도시녹지를 답사하기 위해 여름방학마다 필자는 석, 박사과정 대학원생들과 현장을 방문하였다. 2003년 7월에도 토쿄에서 치바(千葉)현으로 향하는 전철을 타고 가다가 교각밑에 조성한 듯한 실개천을 보았다. 다음날 현장을 찾아 실개천을 따라 2시간이상 땀을 흘리며 답사하였다.

　색다른 경관을 가슴에 안고 지내다가, 2005년 10월에 서울시립대 조경학과 창립 30주년 기념행사 국제심포지움에 환경생태분야로 2년 전 답사하였던 에도가와구 실개천 조성상황 강연을 프로그램에 넣기로 하였다. 2005년 3월 오랫동안 교류를 하고 있었던 치바대학(千葉大學)명예교수이신 유이마사아키(油井正昭)선생님께 부탁을 드렸다. 칠십의 나이를 바라보는 노교수님께서 일면식도 없는 에도가와구 타다마사미(多田正見)구장께 강연자를 부탁하여, 허락을 받아 에도가와구 공무원 세 사람 방문으로 인연이 시작되었다. 2005년 강연 답방 형태로 2006년 필자, 유의선생님, 우리 연구실 대학원생들, 일본에서 공부한 김선희박사까지 20여명이 에도가와구 2회 어댑터(Adopter)행사를 비롯, 2일간 에도가와구 공원녹지 현장답사가 이루어졌다.

　현장답사는 당시 에도가와구 환경재단 하세가와(長谷川和男) 국장을 선두로 매일 20~30명의 공무원과 지원봉사자들이 현장 설명을 하였다. 이런 현장공부가 십년 넘게 매년 이루어졌으니 에도가와구 자연환경 사진과 자료가 많이 축적되었다. 필자에게는 오십대 중반부터 정년때까지 많은 복을 받은 것이다. 연구에 귀중한 자료가 되었다.

2) 에도가와(江戸川)구 개황

에도가와구는 토쿄시 동쪽에 위치하며, 동으로 에도가와(江戸川)와 구에도가와(旧江戸川), 서로는 아라카와(荒川)와 나카가와(中川), 남으로 토쿄만과 면하여 삼면을 강과 바다가 에워싸고 있다. 이렇게 물과 친하고 또한 물의 은혜를 받은 도시로 일본 최초로 친수공원(親水公園)을 조성하게 된다. 물과 녹지 네트워크가 풍성한 도시이다.

에도가와구 면적은 49.09km² 이며, 남북 약 13 km, 동서 약 8km 정도 된다고 한다. 인구는 2013년 4월 현재 67만 5천명 정도이다. 에도가와구에서 사람과 물의 관계는 물의 은혜도 받았지만, 물의 위협 속에서 살아 왔다. 총 길이 420km가 넘는 수로와 하천이 종횡으로 광범위하게 연결되어 과거 농업용수나 수상교통로 역할을 하여 왔다. 그러나 에도가와구 평균 표고가 0.3m 이어서 비가 많이 내리면 저지대 침수가 발생, 수해를 자주 입었다.

1965년 이후부터 도시인구 집중으로 급격한 택지개발이 이루어져 수로와 작은 하천에 하수가 흘러들고 쓰레기 투기가 심해져 실개천이 하수구로 변하게 된다. 수해를 예방하기 위한 하수도 정비사업이 시작되면서 주민들의 침수걱정이 줄어들기 시작한다. 이때 일부 주민들은 「과거에 친하던 깨끗한 물이 흐르던 하천」에 대한 생각이 떠올라 이에 대한 요구가 강하게 생겨난다.

3) 에도가와구 친수(親水)정책

1972년 하수도사업을 진행하면서 수로 역할이 끝난 수로 흔적지 이용계획으로 「에도가와구 하천정비계획」을 수립하게 된다. 하천 기능인 치수(治水), 이수(利水)에 이은 친수(親水)에 착안, 하수로 같았던 도시하천을 레크레이션 하천(親水公園), 녹도하천(親水綠道)의 기능을 부여, 수변풍경을 재생하고 지역 활력을 일으키는 것을 목표로 하였다. 친수(親水)는 물과 친구가 된다는 것 이외에 물에 다가간다는 뜻이 포함되어 새로운 하천기능이 생기게 된다.

에도가와구는 만조시 70% 정도가 침수될 수 있을 정도로 해발고 0m이하가 많고, 1949년에는 태풍피해로 2만 채가 수해피해를 입었다 한다. 그동안 방수로 개설, 제방축조, 하수도 정비, 토지구획 정리사업 등으로 살기 좋은 지역으로 만드는 노력을 해왔다. 1973년 이후 오염된 하천을 복개가 아니라 정비를 하면서 계속 공원도 정비하여 토쿄 23개구 중 공원개소수가 최대인 470여개에 이른다 하며, 그 면적은 356.9ha에 달한다고 한다. 특히 카사이린카이공원(葛西臨海公園) 봄꽃놀이는 유명하여 연간 1백만 명 이상의 이용객이 찾는다고 한다.

1972~73년에 걸쳐 하수로 같았던 후루카와(古川)를 복개하지 않고, 친수공원으로 일본 최초로 조성하자 구민들로부터 호응을 얻어 1974년 「에도가와 하천정비계획(친수계획)」이 수립되어 친수공원과 친수녹도 정책이 속도를 높이게 된다. 현재까지 5개 친수공원 9.6km, 18개 친수녹도 17.7km를 1972~2008년까지 36년에 걸쳐 완성하였다. 세계적으로 친수정책 사례가 알려 지면서 국내외 주요한 친환경 도시상을 계속 수상하게 된다.

대표적인 예가 1997년 일본 제17회 녹의 도시상, 2007년 일본 제17회 전국 꽃마을 조성콩쿠르에서 최고상을 수상하였다. 또한 20007년 영국 런던에서 개최된 「질 높은 환경, 경관 주거마을에 대한 국제상」은상을 받았다. 23개 친수공원, 친수녹도가 완공될때마다 거의 일본 국토건설성 대신상을 받았다.

1971년 「환경재생 10년 계획」에서 구민 1인당 수목수 10주, 공원면적 10㎡를 목표로 하였다. 1972년 구내 수목수 120만주(구민 1인당 2.6주)이었던 것이 2012년 625만주(1인당 9.2주)로 증가하였다.

4) 에도가와구 버런티어 조직

1973년 후루카와(古川) 친수공원이 완성되자, 유역 10개 마을회(町會)에서 1만 2천명이 참여하는 「후루카와를 사랑하는 모임」이 결성되었다. 회원들은 순찰, 조기청소, 친선모임개최, 커뮤니티활동 등을 지속해오고 있다.

2001년 에도가와구 공원버런티어 등록제도를 실시하여 수로청소, 과수식재, 장미식재, 모험놀이 운영을 하였는데 이때 등록인 수가 1,075명이었다고 한다. 2014년 현재 8,427명이라고 한다. 10년 후 버런티어수 2만 명을 목표로 하고 있다 한다.

버런티어제도에 어댑타(Adopter) 제도를 채용, 매년 2월에 어댑티활동 교류회를 열고 있다. 2005년 2월에 제1회 행사를 치렀다. 어댑터 제도는 도로, 공원, 하천

등 환경미화활동을 하는 버런티어들에게 행정을 지원하는 제도이다. 에도가와구는 5개분야, 즉 공원 버런티어(2014년 현재 3,997명 등록)는 녹의 버런티어(1,516명), 가로 버런티어(1,254명), 수변 버런티어(718명), 에도가와구 벚나무 보호회(962명)으로 나뉘어 어댑터활동 교류회에서 각 분야 활동사항을 판넬로 만들어 전시한다. 아울러 각 분야별로 지난 1년간 모범적 활동을 한 그룹대표가 상을 받게 된다. 이런 행사가 끝나면 2~3시간에 걸쳐 각 그룹 대표들이 모여 앉아 현안에 대한 토론회를 갖게 된다. 매년 교류회에 2백명 이상이 모여 성황리에 행사가 진행되는 모습을 여러 번 관람하였다.

에도가와구는 「버런티어가 세우는 區」를 목표로 하고 있다. 버런티어 활동을 물과 녹의 분야에서 다양한 분야로 넓혀 복지, 교육, 이벤트 개최 등 커뮤니티 구성에 다양한 버런티어 활동을 엮게 한다는 것이다. 앞으로 「에도가와구 장기계획」에 「버런티어가 세우는 區」항목을 넣을 것이라고 한다.

2015년 2월 7일에 11번째 어댑터활동교류회를 개최 (15.02.07)

어댑터 교류회 전경(15.02.07)

4개 파트로 나누어 단체별로 1년간 활동사항을 판넬로 설명(15.02.07)

4개 파트별로 손수건 색깔이 다름. 이분야는 벚나무 보호 위주(15.02.07)

하천 수변에서 활동하는 조직들 활동사항 보고내용 (15.02.07)

라벤다 가꾸기 모임 활동 보고(15.02.07)

신가와(新川), 후나보리(船堀) 청소활동 모임회 보고 (15.02.07)

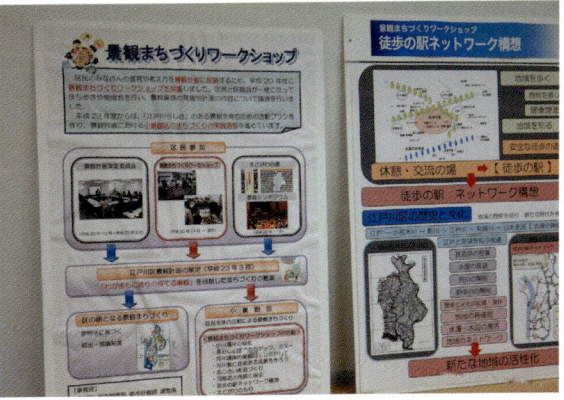
경관계획 워크샵 보고회(15.02.07)

5) 에도가와구 환경재단(環境財團)

1980년 4월 1일 에도가와구 출자로 설립한 「재단법인 에도가와구 환경촉진 사업단」을 2001년 공익재단법인 「에도가와구 환경재단(江戶川區 環境財團)으로 명칭을 변경하였다.

2001년 4월 애도가와구는 공원녹지과를 폐지하고 환경재단이 공원관리 일원화 및 녹화추진 사업을 담당하게 되었다. 에도가와구는 물과 녹에 관한 지혜와 노력을 결집, 자자손손에게 전승할 필요가 있고, 아울러 민간의 높은 지식, 기술, 경험 등을 토대로한 활동적인 체계정비가 급선무이었다. 작은 행정조직의 한계에서 뛰어 넘기 위해 환경재단을 설립한 것이다. 이사장을 비롯, 사무국장이하 121명(조원 12명, 수의사 2명, 동물사육사 34명, 작업 16명 등)으로 구성되어 있다.

그동안 환경재단은 친수공원 창조활동으로 반딧불이 양식, 포니랜드 개설 등으로 자연회복을 시도하는 노력을 해 왔다고 한다. 앞으로 구민이 태양, 물, 녹의 은혜를 입으며 도시생활을 즐기고, 장래에는 더욱 확대, 연장하여 명실상부하게 보다 물과 숲의 도시로 풍요로운 지역사회를 구축하는 것이 환경재단의 목표라고 한다(江戶川區環境財團, 2015).

2. 친수공원(親水公園)

에도가와구 친수공원(親水公園), 친수녹도(親水綠道)는 1974년 책정된 「에도가와구내 하천 정비계획」을 기초로 하여 정비한 것이다. 친수공원은 1973년 정비한 후루카와(古川)친수공원을 시작으로 1996년 완성한 이치노에사카이가와(一之江境川) 친수공원까지 23년의 기간이 흘렀다. 당초 계획하였던 5개 노선, 총연장 9,610m의 전노선이 완성된 것이다.

친수공원(親水公園)은 비교적 폭이 넓은 하천에 실개천, 산책로, 수림대와 몇 군데에 안전하게 물놀이를 할 수 있는 시설을 한 곳이다. 친수녹도(親水綠道)는 규모가 작은 생활도로이며, 폭 1m 등의 작은 하천에 물이 흐르고, 보행공간이 있는 장소로서 물고기 모습 등을 보며 즐기면서 산책하는 길이다.

친수공원은 일반공원, 친수녹도는 일반도로와 다르게 관리한다. 어린이의 안전한 물놀이 장소, 산책로, 통근과 통학의 생활도로서 매일 만나는 윤택한 공간으로 물과 녹의 네트워크로서 핵심공간이다.

에도가와구의 17개소 친수녹도 위치도

1) 후루카와(古川) 친수공원

에도(江戶)시대 초기인 1600년대 초부터 지금의 치바(千葉)현 염전에서 생산한 소금을 에도성으로 운반하던 유서 깊은 수로이다. 1920년대부터 에도가와구에 인구가 집중되면서 수로가 잡배수로 변하여 1964년에 매립계획을 수립하였다. 그러나 수해와 악취에 고생하는 후루카와 연변 주민들의 후루카와를 남기자는 여론이 강해져 매립을 포기하게 된다. 1974년 「에도가와구 대하천 정비계획(친수계획)」에 의해 깨끗한 물 하천으로 부활되어 친수공원 1호가 되었다.

정비가 끝나자 어린이가 물에 들어가기 시작하여 철책을 만들려다가 중단하고 어린이가 원하는대로 정비하게 된다. 어린이가 물놀이를 할 수 있을 정도로 얕게, 아울러 걸을 수 있게 하기 위해 정수장까지 설치한다. 에도가와(江戶川) 강물을 정수하여 이용하게 한 것이다.

후루카와 친수공원은 연장 1,200m, 공원면적 9,435㎡이고, 1973~1974년에 걸쳐 조성하였다. 공사비 4억 5천만엔(공원조성비 2억엔, 정수장 조성비 2억 5천만엔)이 소요되었고, 연간 유지비가 4천 624만엔이라고 한다.

1974년 5월 全建賞 수상, 1974년 6월 후루카와(古川) 사랑회 발족, 1982년 5월 「UN인간환경회의」(나이로비)에서 소개되었다고 한다. 2011년 12월 친수공원 연변을 「후루카와 친수공원 연변 경관지구」로 지정하여 여러 가지 건축규제를 받게 된다.

후루가와 친수공원 표지판. 1973년 조성한 일본 1호 친수공원(09.02.01)

공원 안내도. 총 연장 1.2km(09.02.01)

보도는 좁지만 버드나무류 교목, 많은 관목이 식재됨 (09.02.01)

에도가와(江戶川) 강물을 끌어 정수하여 이 곳 친수공원에 물을 흘린다(09.02.01)

물길이 도로 다리아래로 흐른다. 고즈넉한 분위기 (11.02.19)

좁은 물길, 나무, 휴게시설이 잘 어울린다(11.02.19)

친수공원 분위기를 더욱 돋구는 능수버들 가지 (06.05.11)

오월 친수공원 경관은 철쭉, 녹나무가 주인 역할을 한다 (06.05.11)

꽃지고 잎이 무성한 벚나무들이 물을 들여다 보며 귓속 말을 주고 받고...(06.05.11)

1972년 하수구 비슷한 후루가와를 복개하자는 의견은 무리가 아니었다(06.05.11)

길너머 고목 느티나무 세 주가 후루가와를 지켜보고 있다(06.05.11)

사람이 많이 모이는 장소에서는 물길은 잠시 지하로 숨었다(06.05.11)

2) 코마츠가와사카이가와(小松川境川) 친수공원

두 번째 친수공원으로「깨끗한 물의 소생」을 테마로 도시에 이상적인 자연환경을 창출하고자 하였단다. 어린이가 안심하고 수영할 수 있게 하자는 주민의견을 수용, 신나카가와(新中川) 물을 정화하여 흐르게 하였다. 수심은 얕지만, 흐르는 물, 쓰하마(州浜; 일본 곡선 해안 지형), 소폭포, 징검돌 조성 등을 설계에 반영하였다고 한다. 시도되었던 수영장은 불가능하였지만, 생활중심으로서의 편리성 향상을 시도하였다.

간선도로를 횡단하는 다리 밑으로 물이 흐르게 하였고, 가재가 살고, 오리와 백조가 휴식하는 모습을 볼 수 있다. 물가에 나무와 초화류가 자라나, 산보나 통학과 통근하는 사람들에 편안한 도로공원이 된 것이다.

　1982년 3월 친수공원 기본계획을 세우고 1985년 5월 전체 개통식을 하였다고 한다. 공원연장 3,930m, 공원면적 34,815㎡(중앙삼림공원 6,697㎡, 히가시코마츠가와공원 3,144㎡ 포함), 공사비 36억엔(토목비 12억엔 포함), 유지관리비 연간 1억 3,718만엔이 소요된다고 한다. 공원사랑회는 1983년 1월에 발족하고, 2005년 11월「手づくり향토대상」을 수상하였다고 한다.

에도가와구 벚꽃 만개행사 일환으로 봄꽃과 각종 묘목을 구청앞에서 판매중((07.04.01)

고마츠가와사카이가와(小松川境川) 친수공원 표지판.
1985년 완성(07.04.01)

벚꽃 만개선언 행사중 하나인 민속무용춤. 본 친수공원
특별무대에서 열림(07.04.01)

일본 전국 꽃과 녹의 축제행사로 시민단체 부스가 차려져 있음(08.06.08)

행사장에서 할아버지와 소학교 학생들이 모여 전통 농촌 놀이감을 만들고 있다(08.06.08)

고마츠가와사카이가와 친수공원 안내도. 총 연장 3.9km(07.04.01)

친수공원 주변에 건축시 경관계획을 수립해야함. 수직 빌딩과 색채 규제 등이 있음(08.06.07)

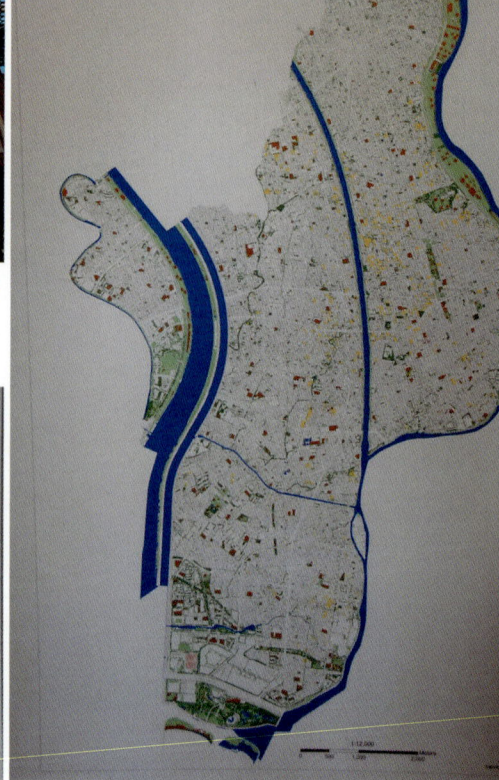
에도가와구는 평지도시로 강수면과 고수부지가 중요한 녹지 역활을 한다(09.02.02)

유월 녹음을 구민들이 여유롭게 즐긴다(08.06.07)

나카가와(中川)에서 물을 끌어 들여 정수후, 본 공원 유수(流水)로 활용(08.06.07)

친수공원 일정지역에 국한한 어린이 물놀이 장소 (08.06.07)

친수공원에 설치된 어린이 놀이시설(09.02.02)

구민농원에 여러 농작물이 심겨 있다(09.02.02)

경관용으로 가져다 놓은 작은 배 두척이 운치를 더해 준다 (15.02.07)

2005년 일본 국토교통성에서 수여하는 데즈구리 향토 대상을 수상(15.02.07)

만개한 벚나무밑에 구민들이 여유롭게 꽃놀이를 하고 있다(07.04.01)

벚꽃이 활짝 피었다(07.04.01)

수벽용으로 식재한 붉가시나무와 녹나무 신록의 조화(07.04.01)

3) 신나가시마가와(新長島川) 친수공원

카사이(葛西)지역 매립으로 생긴 나가시마가와(長島川)라는 배수로를 새로 정비한 물길로 1988년 토쿄도(東京都)에서 이관을 받아 친수공원으로 정비하였다고 한다. 「신구시가지 융합」을 테마로 조형적 물길 입구에 모던 쉘터와 분수를 설치하여 지역 가로 수준을 높였다 한다. 공사가간이 1989~1990년으로 공원연장 530m, 공원면적 13,800m²이다. 공원조성비가 7억 1,300만엔인데, 이중에는 순환펌프시설 설치비 8천만엔이 포함되어 있으며, 유지관리비는 연간 2,384만엔이라고 한다.

신나카시마가와(新長島川) 친수공원 입구. 1990년에 완성, 전장 530m(06.05.15)

매립지 배수로를 개조하였기에 콘크리트 물길을 볼 수 있음(06.05.15)

본 친수공원과 연결된 녹도, 벚나무길(11.02.20)

친수공원에 설치된 나무이름 맞추기 해설판. 여름에 흰꽃에서 향기 나는 식물(14.02.12)

얕은 수면은 거울로, 나무들이 들여다 보고 있다 (06.02.04)

인위적인 수변을 물이 보다듬고 있다(06.05.15)

낮은 목소리로 속삭이는 물소리를 들을 수 있다 (06.05.15)

교목과 잔디로 안정된 녹지경관이 형성되었다(06.05.15)

4) 신사콘가와(新左近川)친수공원

카사이(葛西)지역에서 매립에 의한 임해부 조성시 생긴 길이 1.4km 배수로이다. 매립지에 앞의 신나가시마가와 친수공원과 연계하여 신사콘가와 친수공원을 정비하였는데. 본 친수공원은 마리나 시설로 조성하였다. 「물과 마음이 통하는 장소」로 테마를 정하였다 한다. 친수공원 중 가장 넓은 수면과 하천부지가 확보되어 보트, 낚시, 바베큐 시설로 다른 친수공원과 다르게 물의 레크레이션을 즐길 수 있다.

공사는 1991년에 착공하여 1993년에 완성하였고, 1993년 5월 마리나 시설, 1993년 7월 서쪽 보트장, 1994년 4월 동쪽 보트장을 개장하였다고 한다. 공원연장 750m, 공원면적 109,800m², 공사비 총 26억 7천 3백만엔(주차장 조성비 15억 7천4백만엔 포함)이고, 연간 유지관리비가 6천65만엔이 소요된다고 한다.

신사콘가와(新左近川) 친수공원 표지판. 1993년에 완성(06.05.15)

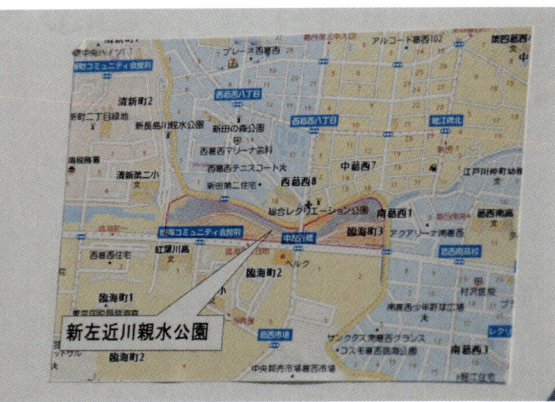
매립때 생긴 전장 1.4km 배수로. 사콘가와 마리나시설과 연결됨(12.02.18)

종합레크레이션공원 친수광장과 연결된다. 친수광장 분수시설(04.02.12)

친수광장의 커튼분수. 물이 떨어지는 안쪽으로 걸을 수 있다(06.05.15)

신사콘가와 하류. 고층 아파트 주민들 마음을 안정시켜 준다(06.05.15)

산사콘가와에 늘어 서 있는 오리배들(06.05.15)

제1부 토쿄(東京) 에도가와구(江戶川區) 공원녹지

사콩가와 마리나시설. 요트들이 정박해 있다(06.02.04)

친수공원과 연결된 느티나무길. 수관폭이 넓은 느티나무로 관리가 잘 됨(06.02.04)

수선화가 이른봄을 알려주고 있다(12.02.18)

친수공원 인공적인 시설을 나무들이 부드럽게 완화시켜 준다(12.02.18)

돌과 물의 조화(06.05.15)

친수공원에 연결된 녹도. 수림궁전에 든다(06.05.15)

5) 이치노에사카이가와(一之江境川)친수공원

「자연하천의 복원」을 테마로 어린이 수영장인 동시에 생물이 공생하는 하천으로 정비가 요구되어 신나카가와(新中川) 강물을 그대로 흘려 생물서식환경을 조성하였다고 한다. 하천바닥을 자연하천에 가깝게 하고 수변을 풀들이 자라는 장소로 만들어 생물들이 살게 만든 것이다.

하천연변에 에도가와구 옛 풍경에 해당하는 사찰, 농지가 남아 있는데 그 경관을 후세에 남겨주기 위해 연도주변 주민과 구가 상의하여 2006년 경관조성규칙을 만들어 일본에서 최초로 실개천경관지구로 지정하게 되었다고 한다. 1996년 하천이 정비되면서, 2004년 경관법이 생기고 2006년 경관법에 의해 제1호 경관지구가 지정된다.

이 지역 경관지구는 길이 약 3,200m, 하천 양안의 부지가 시작되는 지점에서 20m 거리를 경관지구로 지정하는데, 건축할 때 지정한다고 하였다. 하천중심에서 하늘을 바라 보았을 때 건물에 의해 절벽이 형성되는 것을 막자는 취지란다. 하천폭 2~4m, 수심 60cm에 해당하는 실개천에 적용되는 원칙은 다음과 같다.

첫째, 답답하지 않을 것. 둘째, 문화·역사 경관(보호수 포함)의 보전. 셋째, 사람이 살면서 창출되는 경관일 것. 넷째, 어린이가 노는 경관 등을 원칙으로 하고 있다. 건물을 지을 때 20m 내에서 직벽이 아니고 사선으로 하며, 컴퓨터 그래픽으로 각도를 계산하여 규칙을 만든다고 한다. 도로에서 50cm 폭으로 녹지를 조성한 뒤쪽으로 건물을 짓게 하되, 건물색깔도 안정적인 색으로 하고, 명도와 채도까지 정하게 한다고 한다.

시설규모는 공원연장 3,200m, 공원면적 30,565㎡라고 한다. 공사는 1993년 3월 공원계획 수립, 1995년 상류부 완성, 1996년 하류부가 완성되었다고 한다. 1996년 9월 「친수공원 사랑의 모임」이 발족되고, 2006년 3월 생물조사보고서 작성, 2006년 12월 「이치노에사카이가와친수공원 연선(沿線) 경관지구」지정, 2012년 1월 사랑회가 「手づくり 향토상」을 수상하였다고 한다. 3개소의 어린이 물놀이장이 조성되어 있고, 물놀이장 물은 수돗물을 사용한다고 한다.

전체 공사비는 29억 7천 6백만엔, 관리비는 연간 8,656만엔이라고 한다. 5개 친수공원 관리비는 연간 3억 5,587만엔에 달한다고 한다.

이치노사카이가와 친수공원 표지판과 입구. 1995~6년 완성(12.02.19)

친수공원 안내도. 전장 3.2km(06.02.04)

만개한 벚나무그늘에 주민들 대화광장이 마련되었다 (07.04.01)

서울시립대와 에도가와구 학술교류 기념으로 식재한 겹벚꽃나무(14.04.04)

낙화한 벚꽃잎들이 모여 눈덩이를 만들어 냈다 (07.04.01)

14년 2월 15일에 식재하였다는 해설판(14.04.01)

물길을 가로질러 만든 어린이용 출렁다리(11.02.20)

친수공원 인근 부지에 만든 비오톱(Biotope) 조성지 (12.02.19)

낙엽을 모아 퇴비를 만든다. 모우고, 뒤집는 일 등 관리를 자원봉사자들이 한다(09.02.01)

정수된 물을 물길로 흘리고 있다(08.06.08)

물길과 녹도가 편안하게 공존한다(08.06.08)

등나무 신록이 싱그롭다(08.06.08)

흰뺨검둥오리가 찾은 것으로 보아 계획목표인 생물이 공생하는 하천에 도달(06.02.04)

여름철 어린이 놀이장소(06.02.04)

고기잡는 어린이상(06.02.05)

옛날에 철로길이 이곳을 지났다는 것을 보여주는 공작물(15.02.17)

이 풀은 곤충 서식처로 보호한다는 팻말(15.02.17)

3. 친수녹도(親水綠道)

친수녹도는 친수공원에 비해 작은 생활도로이며, 폭 1m정도의 물길이 있고, 보행로가 함께 조성되어 있다. 친수녹도는 1987년부터 2008년까지 21년간 18개 노선, 17,680m를 조성한 것이다. 필자는 11개 노선을 답사하였는데, 여기서는 7개 노선만 다룬다.

1) 카사이신스이시키노미치(葛西親水四季の道)

전시중인 사진을 볼 때 1955년에는 복개된 모습이었으나, 1987년부터 리뉴얼하여 1989년에 완성하였다. 연장 2,100m이며, 공사비는 7억엔이 소요되었다고 한다. 경관을 배려하여 전선을 지중화하였고, 남은 지상전주도 칼라로 만든 전주로 하였으며, 사계절 꽃과 잎들이 빛나는 수목을 식재하였다 한다. 수로 중간 중간에 30~35cm 높이로 모래주머니를 쌓아 수위조절을 하고 있으며 성과가 좋으면 돌로 쌓을 예정(14. 02. 12)이란다.

중간 지점에 논을 조성하여, 주변 7개 소학교 어린이들이 농사 프로그램에 참여한다. 버런티어 조직인 하천사랑회 주도로 벼농사 체험기회를 준다 한다. 논 조성이후 제비가 집을 지을 수 있어 이 지역에 제비가 날라 온다고 사랑회 대표가 이야기해 주었다(11. 02. 19). 신나가시마가와(新長島川)와 연계되어 있다.

1990년「手づくり 향토상」을 수상하였다. 1991년 9월 「카사이신스이시키노미치」물과 녹을 사랑하는 모임이 발족되었다고 한다.

카사이신수이시키노미치 안내도. 1989년에 완성 (13.05.13)

친수녹도 입구. 전장 2.1km. 물길이 좁다(11.02.20)

친수녹도에 물을 공급하는 지점(14.02.12)

자그마한 논. 물과 녹을 사랑하는모임에서 인근 소학생들과 벼농사를 짓는다(11.02.20)

휴게광장에서는 물길을 지하로 돌리기도 한다 (11.02.20)

물길을 돌로 쌓았고, 양쪽 교목은 벚나무, 프라타나스, 녹나무 등(13.05.13)

돌 조각품(13.05.13)

녹지와 수로폭은 좁지만 식재는 자연방식(13.05.13)

1990년에 건설성으로부터 데즈쿠리 향토상을 수상 (06.05.12)

교목과 아교목층 상록활엽수와 관목층 철쭉이 조화를 이룬다 (06.05.12)

병꽃나무 분홍꽃이 만발하였다 (06.05.12)

거대한 낙엽 분해통 (06.05.15)

2) 카미코이와(上小岩) 친수녹도

옛적에는 에도가와(江戶川)에서 물을 끌어 들였던 농수로이었으나, 농사짓기가 곤란해지자 복개했다가 친수녹도로 복원한 곳이다. 에도가와구에는 과거 420km 농수로가 있었지만 현재는 25km만 남았다 한다(12.02.19)

녹도 전체길이는 950m, 1990년에 공사가 완료, 예산이 4억 3천 5백만엔이 소요되었고, 연간유지관리비가 6백 8십만엔이 든다고 한다. 수로폭이 90~150cm, 보도가 2m이며 전체 녹도 폭은 5m로 양쪽 경계에 교목을 식재하였다. 한 곳에서 물을 끌어 들였으며, 빙어를 풀어 넣자는 주민 제안이 있었다고 한다.

카미고이와 친수녹도 표석. 1990년에 완성(12.02.19)

농업수로로 복원했다가 친수녹도로 전환. 전장 950m(12.02.19)

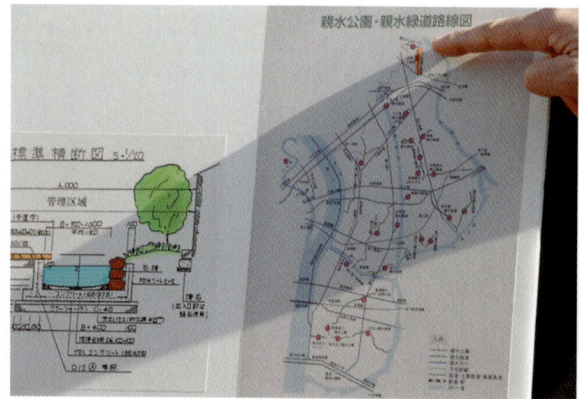
본 친수녹도는 가장 북쪽에 위치(12.02.19)

물을 끌어 들이는 초입지점(12.02.19)

물길과 녹도. 교목은 풍나무이며, 분위기가 차분하다 (12.02.19)

인도가 주택가와 연결되었고, 나무도 오른쪽만 식재하였다(12.02.19)

어린이 놀이시설. 여름에는 물놀이가 가능함(12.02.19)

단차로 맑은 물소리가 난다(12.02.19)

때로는 물길을 지하로 돌리고, 녹지양을 많이 확보하기도 한다(09.02.03)

작품명이 머리카락(09.02.03)

3) 코노(興農) 친수녹도

에도가와(江戶川) 물을 끌어 농사를 지을 때 이용하였던 농로를 녹도로 조성한 곳이다. 전장이 820m, 녹도 폭 1.1~2.8m, 수심 40cm로 1991년에 완성하였다. 녹도 전체에 교목 91주, 아교목 68주, 관목 1,800주를 식재하였으며 공사비 5억 7천만엔, 연간관리비 380만엔이 소요된다고 한다.

강바람이 불어오는 방향으로 녹도가 나 있으며, 신주택 단지를 지난다. 이 지역에 식재한 벚나무 중 3월 중순에 자색꽃이 밑으로 향하는 칸히자쿠라(寒緋櫻)가 식재되어 있는데 대만이 원산이라 한다.

코노 친수녹도 표석. 1991년 완성. 본래 농수로였음. 전장 820m(06.02.03)

물길에 주택 출입구와 계속 작은 다리가 놓여 있다 (14.02.13)

수면벽 모자이크 그림(14.02.13)

공공건물과 연계하여 양쪽에 벚나무를 식재하였다 (14.02.13)

물길에 첨가한 다양한 돌과 나무데크(06.02.03)

청석과 간단한 쇠 파골라(06.02.03)

에도가와 강물을 뿜어내는 돌사자(06.02.03)

폭 좁은 수면이지만, 나무가 잘 심겨 있다(06.02.03)

교정견학을 한 소학교 정문. 교장선생님이하 여러분이 보인다(06.02.03)

교정내 희귀생물을 복원시키기 위한 비오톱(06.02.03)

교정내 경작지. 자원봉사자들과 소학생들이 경작한다 (06.02.03)

낙엽분해통. 자원봉사자 한 분이 설명중(06.02.03)

4) 류보리신스이하나노미치(流堀親水Hananomichi)

전장 420m이고, 1992년에 완공되었다. 녹도 한쪽에 교목인 녹나무, 튤립나무와 아교목인 상록활엽수가 식재되어 있었다. 생산녹지 옆을 본 친수녹도가 통과하여 비닐하우스 내 관상식물 재배모습을 볼 수 있었다.

녹도 표석. 1992년에 완성되었고, 전장 820m(14.02.13)

건강 산책로는 380m만 조성되어 있음(14.02.13)

친수녹도변의 생산녹지 지구(14.02.13)

비닐하우스내 표주박 공작품(14.02.13)

비닐하우스내 성인장 유묘(14.02.13) | 물길은 지하로 들어가 있고, 녹나무가 친수녹도를 지키고 있다(14.02.13)

5) 나카이보리(仲井堀) 친수녹도

전체길이 780m로 1992년에 공사되었다 한다. 전체 폭이 5m이고, 수로폭 2.7m, 녹지 폭 1.3m, 인도가 1m정도 이었다. 옆 자동차도로는 1차선도로 이었고, 한 곳에 심겨 있는 목련은 수고 6m, 지하고 2.5m~4m, 줄기직경(DBH)는 6.5~13cm이었다.

나카보리 친수녹도 표석. 1992년에 완성. 전장 580m(13.05.13) | 폭이 좁은 물길이지만 녹이 풍부하다(13.05.130

만병초꽃이 피었다(13.05.13)

좁은 수로를 누운향나무가 덮었다(13.05.13)

녹도연변 주택녹지가 친수녹도 녹량을 더 해주고 있다 (13.05.13)

호랑가시나무 새싹이 부드럽다(13.05.13)

신사녹지가 친수녹도의 부족한 녹지량을 보충해 주고 있다(06.02.05)

늦겨울에도 국화종류 꽃이 피어 있다(06.02.05)

물길이 다리들로 덮혀 숨구멍처럼 남아 있다(06.02.05)

희망, 주제의 청동상(06.02.05)

6) 시노다보리(篠田堀) 친수녹도

연장 1.6km로서 1994년에 완성되었다 한다. 1994년 7월에 사랑의 모임 발족, 1995년 2월 「手づくり 향토상」을 수상하였다고 한다. 연변에 심은 벚나무 생장이 양호하였는데(05.05.12), 1994년에 벚나무를 심고 생물 서식공간을 조성하였다.

친수녹도 입구의 키큰 수목들(06.05.12)

독특한 표석. 1994년 완성. 전장 1.6km(06.05.12)

미국이 원산인 카르미아(Kalmia) 만병초(06.05.12)

수로변 관목과 교목 조합이 잘 이루어짐. 오른쪽 해송과 수국(06.05.12)

벽면 녹화를 수벽정원으로 조성한 것이다(06.05.12)

1995년 건설성 데즈쿠리 향토상을 수상(06.05.12)

꽃색이 너무 붉은 만병초(06.05.12)

복스런 튤립(06.05.12)

수로 돌배치가 정연하다(06.05.12)

클라이넷을 연주하는 청년 상(06.05.12)

친수녹도를 연장시키려는 노력이 계속되고 있다(06.05.12)

친수녹도의 물길이 시작되는 지점(06.05.12)

친수녹도의 숨구멍. 매우 인위적인 공법이다(06.05.12)

가정집에서 내놓은 화분들(07.04.01)

7) 사콘가와(左近川) 친수녹도

전체길이 2km이고, 1994년에 착공하여 1997년에 완공하였다. 상류부는 호안을 돌로 쌓았고, 중·하류는 통나무로 호안을 시공하였다. 1995년 건설교통성에서 수여하는 「手づくり 향토상」을 받았다. 건강도로 210m도 겸하고 있었다. 외곽이어서 농경지 경관을 볼 수 있었고, 녹도에서 여러 청동 조각작품을 볼 수 있었다.

사콘가와친수녹도를 끼고 있는 신사콘가와로드는 폭 10m로 자전거와 보행자 전용도로로 한쪽은 느티나무 가로수, 다른 한쪽은 벚나무가 식재되어 있었다. 느티나무는 수고 8m, 흉고직경 25~42cm, 벚나무는 수고 6m이었다. 자전거길 폭 3m, 보행자길 폭 3m, 가로수식재공간 1.5m×2이었다.

친수녹도 표지판. 1997년에 완성. 전장 2km(06.02.04)

카사이린카이공원과 가깝고, 아라가와(荒川) 물을 활용한다(06.05.15)

통나무로 호안을 시공한 하류부(06.02.04)

경사가 있어 급류가 흐르고 있다(06.02.04)

지바 도쿄(東京) 에도가와구(江戶川區) 정평녹지

산책로 등으로 활용되었다(06.05.15)

수로에 갈대가 자라고 있다(06.05.15)

곤수녹지가 고가 밑에 지형이 남아 있다(06.05.15)

흰뺨검둥오리가 아울린다(06.05.15)

1997년 건설성이 수향경관 대표공간 중 하나로 선정(06.02.04)

고양이(06.02.04)

4. 에코가이드(江戶川)공원

에코가이드 전체 녹지율은 16.7%이고, 공교공동주택 수목가지 전철지 녹지율이 30%에 달한다고 한다. 2007년 현재 공원면적지수 341ha, 432그루 운영하고 있다고 한다. 2014년 현재 녹지 53,713m, 강강시설로 74,030m, 수목수 630만주(백나무, 느리, 녹기 73ha이고 구획운영지구 387개소, 면적 4.5ha이고 1,976구획에 이른다고 한다.

1971년 명경까지 10년 계획을 수립하여, 1972년 공원 수녹수 120만본을 2013년까지 625만공으로 늘리고, 녹표를 지닌 1인당 수녹 수 10그루, 공원 10m²이었다. 1970년대에는 공원 787개소, 녹지 38ha에서 2013년에는 465개소, 356ha가 분획되었으며, 녹지도 녹표치를 넘어 생각지만 1970년 당시 이용하던 상승만을 엄불 수 있었다.

1) 가사이림카이(葛西臨海)공원

에도가이구 남쪽 매립지에 상지하여, 전체면적 81ha, 1985년부터 공사를 시작하여 10년 만에 완공하였다. 에도이 레저이의 스주설 수상인 일부 개정, 1994년 조블원 개정, 2001년 대관람차를 트로코원 완성(東新橋) 공원(東新橋)공원이다. 고수 18,100주, 잔대 93,400m², 잔디 181,400m²가 식재되었다고 한다. 본 지역은 1972년도 해도 결과이었다.

공원은 크게 수상원, 조류원, 조수단원의 광장, 대관람차, 호텔기구 등을

녹수인 열림된 고로 녹수중이 10m, 느리나무, 벗나무 가 시재됨(06.05.15)

시나명3정 공원, 느리나무 등의 경측수 주위형 범수(06.05.15)

수 있다. 그리고 공원 남쪽에 국내 유일 인공매립지가 있다. 동쪽에 10ha, 서쪽에 15ha의 인공갈대지가 있으며, 동측은 아시포조제거에이용되며 바깥채개지에이다.
수중의 염분이 8%로 많은 관계로 잘대 암수정벌, 인공섬정법, 돌미타밭 등으로 만든 해안공원 안에 수중강신기공원원, 철새탐조광장, 갈대정원, 돌미타원, 애도공원 생태, 애조체에염체험 장을 설치할 수 있다. 해안광장 수중강신기가 매우 많은 쪽은 1989년 10월 개인이후 2008년 6월 7일까지 4정정 명 대장갑이 찾았다 한다.이 수중강신기 철심은 가을에 이대형 7남보다 세제에 양상 강신기 등이 동일이다. 2014년부터 강신기가 중가 2015년에 철새들이 매주 많았다. 으리나라 수중강신기 바라블만고, 단독적 아행성고기 21m 등 야이 해왕 통이 중합이 동경동 중 해역에서 곤에서 잘 바라볼수있으며 주변 수동에서 해왕총이 물로 때문에 개체수도 증가하는 상이다. 2015년 남해안수중강신기 해례체험장이 있다고 한다(12. 02. 17).
경내 남구습용업지 동이 2700여 평이 있고, 수조 잘 13평 등 휴식공간 여러 군데 있어 관람객이 잘 가기에 어에 Cooler를 가동하기 때문에 장기여행 가서 1일 2일부이지하고 한다. 생물화 수 밖에 200m 정기의 인공공원지 등등이 운용하여 다문체 多聞체 이인공천 20종 등을 볼 수 있다고 한다.

조류원 鳥翔圓 은 1994년에 개관되어 있다. 2단 영어 가이드를 받은 조를 수(인공부과) 트로피게지자 등의, 영상의 이야기며, 인공번식지를 전광원에 잡은 20년간의 240여종의 잘새들 이용등이 잘 있고, 성새 100종의 박제가 꾸이여 있다(12. 02. 17). 조류새는 아시아 중국 고기자이라고 한다.

인도에 많은 곳, 아프카 기자호의 2개소가 있으며 1995년에 신공정청 영원강신기 세력가 있다. 프지께시 영원강신기 예보지 등 5~6종이 강신기 으리나라 북 주호에 6월에 마리 1경이라가 한국중수리(2012. 02), 10월 정이 5점 마리가 서열리한다고 한다.

인물 가에수조가 없기 1~2마리, 잘은 마리 정강수지 10~3이에 2만 마리가 발어드다고 한다. 정생갑자, 영영관조, 외공종 중 기옥 5이 이남으로 할 말 마리 이상이 날 가이동 등을 갖추고 있다. 열공파이고 전의 모이는 종계에 경 전국곳이론하기 마지만 사진상 등을 갖추다다. 이마라 전구렁공조 둘륭한 관광종이라 인명이 있다.

대명공지에 이초원지로 아초공지변으로 진화 (06.05.15)

수상월이 폭이 21m로 넓은 월인동 (06.05.11)

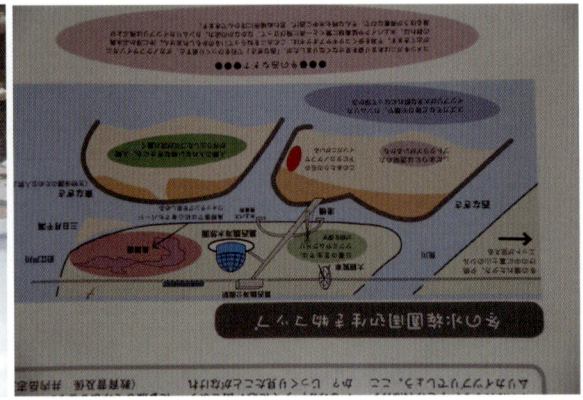

연못 매립지 (09.02.04)

단 곱, 동 초월지, 서 대명공지, 중 2 수상월, 북 2 대명공지에 이는 25개 매립지, 월은 크기로남부가 모 월 (11.02.21)

다. 평사로강이 기준 6곳 이상이며, 2전도성 마리 중 1% 이상이 된 때 공사시 지 인공월드는 이곳에 250마리 이상이 찾는다고 한다.

매일 정는 것이 즈개다고 정이 많다 짐짐지만, 매일 한 후 옹도다가 매일 후 30 년이 정과뢰여서 지인이 정이나 수가됭에 와니 다름수리운 월이다.

대명공지는 2001년에 완성되었고, 폭이 117m, 지공 111m로서 개월 당시는 일 본에서 가장 컸었다고 한다. 평상시 수심은 주월에 20인종등 시체협에 매일 1, 2 월에 수원을 주제로 월든다 한다.

사이마대정공원 (埼玉鴨場之園) 정경화에서 발췌으로 된 자진은, 「바다리의 표 본」이란 곳이 있는데 이곳 모두를 정정화에 소장하고 있는데 이것을, 야기리 모 든 바다리의(鴨類)의 공장(鴨場) 소리인데, 인공매립 사진, 테공원의 정다 등이다.

수족원 옥상의 흰 돛(06.05.11)

실내 담수원 계류에 가두어 키우는 단정학(15.02.15)

담수생물관 외부 모습(06.05.11)

담수생물관내 조성된 계류 모습(06.05.11)

조류원 입구 휴게소. 관찰 준비를 하는 장소(07.04.02)

조류원 입구 관찰로. 양옆을 바위로 쌓고, 식물을 심어 은폐됨(06.02.06)

조류관찰대(06.02.06)

기수호에 자라는 갈대제거가 힘들다. 제거후 갯벌이 드러났다(11.02.21)

흰죽지 등의 오리류가 휴식중인 기수호(09.02.04)

눈내린날 크리스탈 뷰 건물(14.02.15)

가까스로 꽃핀 수선화가 눈속에 갇혔다(14.02.15)

일본수선화 3천본이 기증 식재됨(09.02.04)

유채꽃 단지(11.02.21)

꽃양귀비 동네(06.05.14)

공원내 벚꽃 가로수길(07.04.02)

직경 112m에 이르는 대관람차 야경(17.04.03)

2) 종합레크레이션 공원

　최소폭 30m, 최대폭 70m(철탑 점유 10m 포함), 길이 3km되는 토지는 토쿄전력 소유로서 고압선이 지나기에 전력회사와 협의하여 토지를 무상으로 제공받아 24ha를 공원용지로 사용하게 된 것이다. 1981년 3월 공원기본계획을 책정, 1982년 1월에 공사에 착수, 11년간 공사 끝에 1993년 공사가 종료되었다고 한다.

　12개 주제공원이 조성되었는데, 공원전체 면적 약 23만m², 공사비 94억엔, 연간 유지관리비가 2억 6천만엔이라고 한다. 12개 주제공원은 ①어린이 광장, 면적 4,571㎡ ②에도가와 구기장, 면적 17,516m², 수용인원 4천명 ③무지개광장(虹廣場), 용수천 직경 7m, 대벽천 길이 50m, 높이 7m, 야간 조명등 설치 ④니시카사이(西葛)의 서소년야구장, 소년야구그라운드 2면 ⑤신다노모리공원(新田の森公園), 버런티어 그룹이 모험시설 운영 ⑥수영장, 3,100명 수용 ⑦요이코광장(꽃광장) ⑧미나미카사이(南葛)의 남소년야구장, 소년야구그라운드 2면 ⑨훼밀리스포츠, 광장, 스모우장, 벽치기 테니스장, 건강 놀이기구 ⑩플라워가든, 면적 21,307㎡. 서양식 장미정원, 분수, 야외스테이지, 장미원 버런티어 그룹이 관리 ⑪후지(富士)공원, 표고 11m의 「에도가와 후지」정상에 乙女의 상, 바베큐장 ⑫나기사공원, 면적 63,028㎡. 최동쪽 표고 13.5m의 희망의 언덕, 포니랜드, 게이트볼장, 라벤다 꽃밭 조성.

　공원을 일주하는 파노라마셔틀(유료)이 1.7km를 주행하며 연료는 콩기름을 사용하여 운행할 때 고소한 냄새가 난다. 플라워가든 내 장미원은 1984년에 개원하였고, 111 품종, 6백주가 심겨 있으며 버런티어 20명이 관리한다고 한다.

　나기사 공원에는 포니랜드가 조성되어 있다. 1975년 5월 5일 어린이날에 토쿄도에서 처음으로 「말과 즐거운 광장, 포니랜드」를 시노자키(條崎)지역에 포니 3두로 포니랜드가 개설되었단다. 나기사공원은 1994년에 개원하였는데, 현재 시노자키지역 포니 7두, 마차말 1두, 나기사공원은 포니 7마리로 운영하고 있다. 면적은 시노자키지역 17,756㎡, 나기사지역 5천㎡이며 연간 관리비가 3천 5백만엔이 든다고 한다. 소학교 6학년생까지 이용 가능한데, 지난 20년 동안 20만 명이 이용하였다 한다. 말똥은 발효시켜 낙엽과 섞어 비료로 만들어 판매하여 처리비용이 들지 않는데, 옛날에는 말똥처리비용이 연간 2백만엔씩 들었다고 한다.

공원 표석. 공사기간 1982~1993년. 전체 면적 23ha(06.05.14)

공원 전체가 12개 주제로 나누어 있다(06.05.14)

공원은 송전탑이 지나는 부지로 길이 3km, 폭 30~70m임(06.05.14)

낙엽부숙을 위해 뒤집기 작업에 나선 버런티어 조직 회원들(06.05.14)

장미정원 입구 분수(13.05.13)

꽃이 활짝 핀 장미원. 1984년 개원. 111 품종, 600주가 심겨짐(13.05.13)

여러 색갈꽃이 핀 덩굴장미들(13.05.13)

HT(Hybrid Tea Rose)계 장미로 꽃색이 옅은 주황색 (13.05.13)

HT계 장미로 꽃색이 붉은 색(13.05.13)

HT계 장미로 꽃색이 노랑색(13.05.13)

HT계 장미로 꽃색이 분홍색(13.05.13)

Miature(M)계 장미(13.05.13)

덩굴장미(CL)계 장미(13.05.13)

CL계 장미(13.05.13)

후지(富士)공원 안내도. 어린이 놀이시설 위주인 공원 (13.05.13)

후지공원 돌 표지판. 12개 주제공원중 하나(13.05.13)

후지공원 정상(09.02.01)

나기사공원. 포니랜드, 스포츠광장, 구기장, 해발 13.5m의 언덕(06.05.14)

나기사 공원 전망언덕. 쌓은 언덕(築山)이다(06.05.14)

횃불을 이어주는 두사람(06.05.14)

공원을 일주하는 파노라마 셔틀(09.02.01)

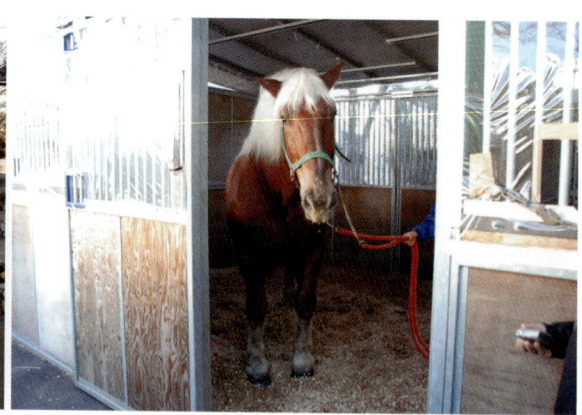
어린이가 탈 수 있는 포니(09.02.01)

공원옆 가로수길(06.05.14)

공원 남쪽도로, 만개한 벚나무 가로수길(17.04.04)

3) 교센공원(行船公園)과 자연동물원

1932년 지역독지가가 구민 복지와 생활문화 향상을 위해 공원부지로 사용을 전제로 토지를 토쿄시에 기부하였고, 1950년 토쿄시는 에도가와구에 지상권, 관리권을 이양했다. 1983년 공원 남측 13,982㎡ 면적에 자연동물원, 1989년 공원 북측에 헤이세이정원(平成庭園)과 겐신안(源心庵; 다실), 낚시터를 조성, 완료하였다. 전체 면적은 15,770㎡이라고 한다.

겐신안은 지역주민들을 상대로 정기적으로 다도교실 프로그램이 진행된다. 헤이세이정원은 축산치센회유식(築山池泉回遊式) 정원으로 치센(池泉), 용문폭포(龍門瀑), 쓰하마(州浜), 츠츠지 정자가 배치되어 있으며, 연간 유지관리비가 9천 6백만엔이 든다고 한다. 정원의 상세한 내용은 졸저, 101개소 「일본정원」에 실려 있다(이경재,2017,일본정원).

자연동물원은 1983년 5월 5일에 개원하여 2013년에 개원 30주년이 지났다. 61종 565마리 동물이 살고 있단다. 입구의 「후레아이코너」에서 어린 아이들이 토끼, 몰모트, 닭, 양 등을 직접 만져볼 수 있어 인기가 좋다고 한다.

이외에 캥거루, 개미핥기, 펭귄, 물개 등을 볼 수 있고, 시설규모는 4,900㎡의 동물생육사, 곤충관찰사가 조성되어 있다. 공사비 1억 2천 5백만엔, 유지관리비가 연간 5천 6백만엔이 소요되는데, 사료값은 연간 1천 8백만엔이 든다고 하였다. 동물원 담당자는 10명이 근무하고 있단다. 따오기도 볼 수 있고, 미니수족관에서 에도가와구 하천에서 볼 수 있는 물고기를 볼 수 있다.

교센공원중 자연동물원은 1983년, 헤이세이정원은 1989년 완성(06.05.15)

헤이세이정원은 치센회유식 정원으로 치센이 중심 (06.05.15)

정원내 찻집인 겐신안(源心庵)과 치센(池泉)(08.06.08)

무료 낚시터(06.05.15)

자연동물원 안내도(15.02.06)

후레아이 코너. 아이들이 직접 닭, 면양, 토끼 등과 접촉할 수 있다(14.02.13)

온 몸이 붉은 도요새 종류(14.02.13)

황새(14.02.13)

펭귄 종류(12.02.18)

조련사 손에 올라앉은 흰올빼미(12.02.18)

노랑 원숭이(12.02.18)

홍학(09.02.01)

캥거루(06.05.15)

개미핥기(15.02.06)

5. 에도가와구(江戸川區) 대하천(大河川)

　에도가와구는 대하천 하류지역에 위치하여 물은 홍수나 침수를 가져다 주는 공포의 대상이었다. 방수로 조성, 제방강화, 슈퍼제방 정비, 하수도 정비 등 30년 넘게 진행한 결과 물에 대한 안전조치가 향상되어 안심할 수 있는 환경으로 변하였다.

　에도가와(江戸川), 아라카와(荒川), 신나카가와(新中川), 구에도가와(旧江戸川) 하천부지에 설치된 공원, 녹지는 13개소, 면적은 957,109㎡이라 한다. 구립 공원 전체의 44%에 해당된다. 대표적인 시설로 각종 그라운드, 포니랜드, 코이와(小岩)

꽃창포원, 스포츠가든 등이다. 에도가와 하천부지에 체육시설이 많이 설치되어 있다. 즉, 야구장(32면), 소프트볼경기장(4면), 축구장(9면), 럭비장, 운동장, 케이트볼장(24면) 등이 사용 중이다. 아라카와 부지에도 야구장, 소프트볼경기장, 축구장이 설치되어 있다.

1) 아라카와(荒川)와 나카가와(中川)

아라카와는 중류부에서 나카가와와 만나지만 양쪽 강물은 가운데 제방을 두고 각자 흐르다가 하류에서 합쳐 아라카와로 흐른다. 1930년 치수작업 일환으로 방수로가 완성되지만, 나카가와 본류가 차단되어 나카가와(中川)의 방수로인 신나카가와(新中川)가 아라카와와 분리되었다가 만나게 되는 것이다.

현재 아라카와 하천부지가 넓어 그라운드와 광장을 설치하였고 일부 지역에 비오톱조성도 하였다. 아라카와 하천부지에는 수변학교인 시모히라이(下平井) 수변의 즐거운 학교(水邊の樂校)가 강변에 개설되어 있다. 이 지역 수변에 2002년 목재 틀 속에 돌을 넣은 돌망태 제방을 1.7m 높이로 쌓았다. 만조 때 수위가 2m까지 높아졌다가 간조 때 물이 빠지면서 바다생물이 남게 된다. 매월 두 번째 일요일 이 학교 교장선생님인 사이토씨 지도하에 주변 학생들 30~50명이 찾아와 투망, 낚시로 잡은 생물을 관찰하는 학교이다.

아라카와(荒川)와 구나카가와(旧中川) 간에 수위가 최고 3.1m 차이가 있어 수문으로 수위를 조절한다고 한다. 두 강이 나란히 콘크리트제방을 사이에 두고 흐르다가 하류에서 합쳐지면 구나카가와는 사라지게 된다.

간조시 돌망태 제방을 걸을 수 있다(06.02.03)

수변학교 교장선생님 사토상이 투망준비를 하고 있다 (15.02.06)

비오톱 조성을 위해 아라가와 강변을 파 놓았다 (06.02.03)

비오톱 조성후 3년이 지나자 여러생물들이 관찰되었다 (09.02.03)

답사중인 서울시립대 대학원생, 사토선생님, 김선희박사 기념촬영(09.02.03)

아라가와 수문 조감도. 이곳은 에도가와구 지역(06.02.03)

수문은 아라가와와 델타지역 구나카가와(舊中川)을 연결(06.02.03)

아라가와 모습. 넓은 둔치에 여러 시설이 입지함(09.02.03)

제1부 토쿄(東京) 에도가와구(江戶川區) 공원녹지 | 55

수문이 닫혔고, 수문뒤 공동주택지는 코토구(江東區)
(06.02.03)

수문지구 벚꽃이 만개하였다(07.04.01)

시민들이 벚꽃놀이를 하고 있다(07.04.01)

아라가와(荒川)와 나카가와(中川), 두강이 평행하게 달린다. 두강 수위차로 고육지책으로 건설(09.02.03)

2) 신카와(新川)

동쪽 구에도가와(旧江戶川)와 서쪽 아라카와(荒川)는 3km 거리인데, 4백년 전 토쿠가와이에야스(德川家康)가 에도로 막부를 옮기고 나서 치바(千葉) 行德염전에서 생산되는 소금과 다른 식료품 재료를 에도로 가져 오기 위해 두강사이에 3km 운하를 파게 하였다. 1692년에 완성하여 후나보리가와(船堀川)라고 명명하였다. 후에 신카와(新川)라고 부르게 되었다 한다.

메이지(明治)시대 이후 소금운반에서 다목적 이용으로 활용하게 되었다고 한다. 편리한 뱃길이면서 빙어가 많이 잡혀 어업이 성행하여 강변에 상점이 많이 생겨났다고 한다.

그러나 1910년대 이후부터 내륙통운이 쇠퇴하기 시작하였다고 한다. 자동차가 화물운반을 하면서 쇠퇴속도는 빨라진다. 1950년대에 지반침하로 제방을 쌓고, 1960년대에는 수문을 만들었으며, 1994년에는 신카와 지하에 지하주차장을 건설한다. 그 후에도 계속 제방을 쌓아 주택가에서 강이 보이지 않자 개량 필요성이 대두되어 친수하천으로 공사를 하게 된 것이다.

2007년 신카와 벚나무 천주 식재계획을 세우고 난 후, 사쿠라 모임이 나서 8천만엔 모금으로 벚나무 715주를 심기 시작하여, 계속해서 신카와 3km 양안에 천주를 심어 2015년에 천주식재계획을 완수하였다고 한다. 에도시대에는 운하를 이용하여 소금, 장류, 쌀 등을 운반하여 창고가 많았는데, 이 창고를 재현하여 2013년에 구민의 회합장소로 「사쿠라관」을 건립하게 된다.

사쿠라관 앞에 사쿠라다리(櫻橋, 廣場橋)를 광장다리로 만들었는데 다리길이 17.9m, 폭 40m, 광장 면적 약 800㎡인 다리를 조성하였다. 그리고 망루, 가로등 여러 시설물도 에도 풍으로 조성하였다고 한다.

신가와를 리뉴얼하면서 2007년 연장 3km 양안에 천주 벚나무 계획(08.06.07)

하안 보강과 함께 벚나무 식재(15.02.06)

옛날 소금창고 모습으로 지은 사쿠라 홍보관. 눈으로 더 하얗다(14.02.14)

새롭게 정비된 강변 지역(09.02.01)

강변 녹지가 주택가에 여러 혜택을 주고 있다(07.04.01)

옛 망루를 재현(17.04.04)

벚꽃 축제가 열렸다(17.04.04)

벚꽃 축제 하나로 특별히 나룻배를 띄웠다(17.04.04)

손님을 태운 나룻배 도착(17.04.04)

동상 주제 내일로(05.02.06)

옛 지도. 에도가와, 신가와, 나카가와 뱃길로 에도로 수송(14.02.14)

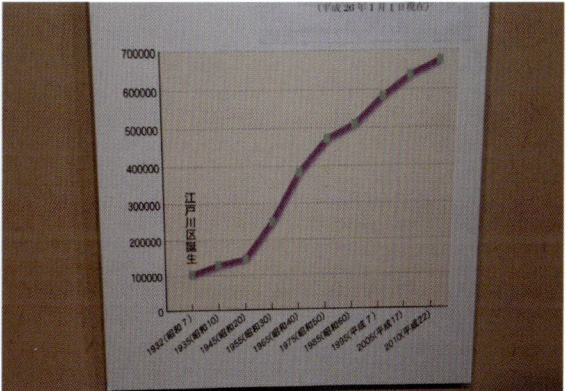
1932년 10만 인구로 에도가와구 탄생. 2010년 66만으로 급팽창(14.02.14)

3) 구나카가와(旧中川)

코마츠가와(小松川) 지역은 1980년대까지 공장과 주택 밀집지역이었는데, 국가의 아라카와(荒川) 슈퍼제방사업과 교토도의 재개발 사업이 1980~2007년까지 진행되었다. 슈퍼제방사업은 제방을 정비하되 제방 높이의 30배에 해당되는 거리까지 제방을 정비하면서 동시에 주택을 맨션으로 재개발하게 된다.

구나카가와는 1990~2003년까지 슈퍼제방을 조성하면서 새로 생긴 부지에 천주 벚나무 식재를 목표로 하되, 레크레이션과 방재기능을 동시에 수행할 수 있도록 계획하고, 1992~2003년에 걸쳐 공사를 진행하였다. 연장 1,880m, 면적

60,800㎡에 벚나무 31품종 1,124주를 식재하였다고 한다. 공사비로 4억 9천 7백만엔이 소요되었다 한다. 「천주 사쿠라를 사랑하는 모임」을 결성, 이곳을 명소로 알리는 노력을 해왔고, 2008년 「사쿠라 공로상」을 받았다. 본 지역 벚나무 식재지는 아라카와와 구나카가와 사이 델타지역으로 코마츠가와 공원 천주 사쿠라 식재지라고 부른다.

에도가와구에는 위의 코마츠가와(小松川) 천본 벚나무, 신카와(新川) 천본 벚나무를 비롯하여 벚나무 중점 식재지에 1만 5천주가 식재되었다고 한다. 그리고 2017년 4월 2~3일 전국 사쿠라 심포지움을 에도가와구에서 개최하여 벚꽃의 아름다움을 일본 전국에 알렸다.

아라가와 방조제는 1955~1967년까지 계속 높아졌다 (15.02.06)

1990~2003년 슈퍼제방사업으로 오늘 날 강변 모습이 생김(14.02.14)

고마츠가와(小松川) 천본 벚나무 식재지 표지판 (07.04.02)

고마츠가와공원은 아라카와, 구나카가와 사이에 생긴 델타지역(06.02.03)

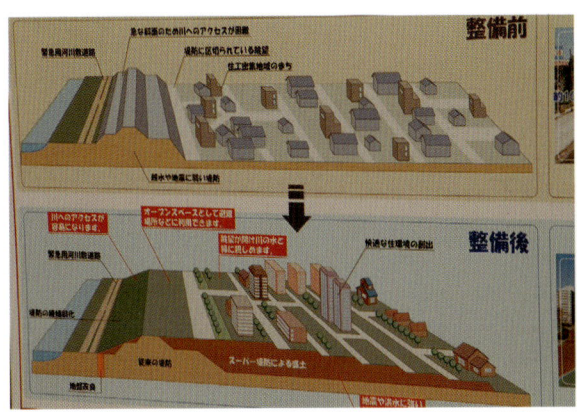
슈퍼제방은 제방높이의 30배거리를 제방으로 쌓고 재개발함(06.02.03)

슈퍼제방사업이후 넓은 하천부지가 생김(06.02.03)

능수벚나무(07.04.02)

벚꽃이 만개한 모습(17.04.04)

만개한 벚나무(17.04.04)

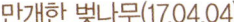
벚꽃 축제를 준비중인 연주단원들(17.04.04)

벚꽃 속내를 들여다 본다(17.04.04)

벚꽃 축제로 등이 달렸다(17.04.04)

6. 에도가와구의 가로수와 가로녹지

에도가와구는 1972년 「풍요로운 마음, 땅에는 녹지」모토에 의하여 가로수 행정이 시작되었다고 한다. 1980년 가로수 설치기준 제정, 1995년 가로수관리 위탁 개시, 2004년 어댑터제도 발족, 2007년 가로수와 공원관리가 일원화 되는 역사를 지니고 있다.

에도가와 가로수 식재 기본방침은 ①새로운 녹지의 창출 ②가로수 양 유지와 질 향상 ③사회요구 대응 ④환경문제에 대한 검토(CO_2저감대책)이다. 식재 기준은 도로구조상 보행공간 유효로 폭이 2.0m이상일 때 가로수를 심되, 보도 폭 3.0m이상 도로는 식수대폭을 0.76m 확보하여 식재하게 되어 있다. 가로수간격은 6~8m 이상 이어야 한다.

2014년 6월 현재 가로수중 교목(수고 3m이상)수는 34,991주, 관목(수고 1m이하) 963,322주라고 하였다. 교목 34,991주중 ①녹나무 전체의 13.7% ②벚나무 7.6% ③산딸나무 7.2% ④은행나무 7.1% ⑤느티나무 7.0% ⑥졸참나무 6.6% ⑦소귀나무 5.7% ⑧후박나무 5.4% 순이었다.

가로수 식재된 뒷 공간에 하수도관이 묻혀 있는데 나무뿌리가 이를 감싸고, 틈이 있는 곳으로 뿌리가 안으로 들어가 하수도관을 교체할 때마다 가로수 뿌리를 자른다고 한다. 에도가와 가로수중 칠엽수는 20년생쯤 되며(2013년 현재) 모두 87주로 수고 7m, 흉고직경 20cm정도 된다고 한다. 가로수는 강전정을 못하게 하고 잎이 너무 무성하면 잎을 솎아 낸다고 하였다.

후나보리(船堀) 그린로드는 조성한지 30년 쯤 되었고, 물이 흐르던 곳을 메워 녹지를 조성하였으며 녹나무가 너무 커서 베었다고 한다. 그린로드 폭은 15m로서 차도녹지 2m, 인도 5m, 상가 쪽 녹지 8m 폭으로 조성하였다.

관리 잘 된 녹나무, 느티나무 가로수길(13.05.13)

녹나무 가로수길(13.05.13)

벚나무 가로수길(13.05.12)

느티나무 가로수 터널길(13.05.12)

붉은 꽃 칠엽수(13.05.12)

후박나무 가로수길(13.05.12)

꽃산딸나무 가로수길(13.05.13)

연한 녹색으로 새싹이 피어나는 녹나무(13.05.13)

후박나무 수형(13.05.13)

은행나무 가로수(13.05.12)

느릅나무 수관부(13.05.13)

프라타나스 가로수길(13.05.13)

가로수와 전기줄 등이 만날때는 전기줄에 고무밴드를 덮으면 됨(13.05.12)

가로 녹지숲(13.05.12)

후나보리(船堀)그린 로드. 녹나무 풍성함이 느껴진다 (13.05.13)

인도폭이 5m로서 휴식장소 역활을 한다(13.05.13)

녹나무 하부에 아교목층 동백나무, 관목층에 철쭉, 쥐똥나무 식재(13.05.13)

15층 건물에서 내려다 본 후나보리 그린 로드(13.05.13)

구에도가와(舊江戸川)제방의 거목 벚나무 개화 모습 (07.04.01)

근원경이 1m이상이며, 수령은 60년생 이상될 것이다 (07.04.01)

고목 벚나무 가로수 개화 상태(07.04.01)

가까이서 벚꽃은 보아야할 것 같다(07.04.01)

나기사 뉴타운 가로수 벚꽃이 대단하다(07.04.01)   벚나무와 철쭉 조합(07.04.01)

7. 기타

1) 코이와(小岩) 꽃창포원(花菖蒲園)

에도가와(江戸川) 하천 부지에 위치하며 1967년 250본의 꽃창포를 개인이 심고 관리하다가 1980년 구에 기증하여 1982년 코이와(小岩) 꽃창포원을 개원하였다고 한다. 전체 면적은 1만 9천㎡이고, 이 중 꽃창포원 4천9백㎡, 잔디밭,화단 7천6백㎡, 비오톱 조성지 4,650㎡이다. 개원 때 시설투자비는 3,750만엔, 연간 관리비는 3,060만엔이라고 한다. 꽃창포원는 1백 품종, 5만본으로 토쿄도내에서 명소로 알려졌다고 한다. 6월에 지역동네회와 자치회 협력으로 축제를 개최하는데 연간 20만명이 방문한다고 한다.

꽃창포원내 작은 습지에 식충식물「무지나모」발견지 비석이 서 있다. 1893년 마키노토미타로(牧野富太郎; 1862~1957)가 발견하여 植物學雜誌에 라틴어 학명을 발표하여 세상에 알리게 된다. 1921년 천연기념물로 지정되었었는데, 이후 홍수로 유실되어 1926년 천연기념물지역을 해제하게 되었다. 마키노선생의 위대함을 알리기 위한 비석이 1990년에 세워졌다.

창포가 자랐던 흔적. 봄을 눈밑에서 준비하고 있다 (14.02.14)

습지 억새도 억세게 겨울을 버텨냈다(14.02.14)

식충식물, 무지나모가 발견되어 1921년 국가천연기념물로 지정, 1926년 해제(14.02.14)

무지나모 발견 백주년 기념비. 1897년 마키노(牧野)박사가 발견하여 식물학잡지에 공표. 비는 1990년 세움(18.06.11)

제27회 창포축제가 08.06.01~6.22에 열렸다 (08.06.08)

꽃창포원 정문(18.06.11)

제37회 꽃창포 축제는 18.6.2~6.17까지임(18.06.11)

꽃창포 100품종, 5만본이 식재되었다 함(08.06.08)

연이 자라고 있는 연못(08.06.08)

동양연. 화병(花柄)이 짧아 물위에 꽃이 떠 있다(08.06.08)

한송이 붉은 연꽃(18.06.11)

수련은 아침 8시에 개화 시작, 오후 1~2시에 만개, 2시에 짐. 꽃은 3~4일간 지속(08.06.08)

꽃창포는 3~4년생이 최성기. 보통 6년후는 쇠퇴기 (08.06.08)

꽃창포원 전체를 8개 부분으로 나누어 매년 분주한다 함 (18.06.11)

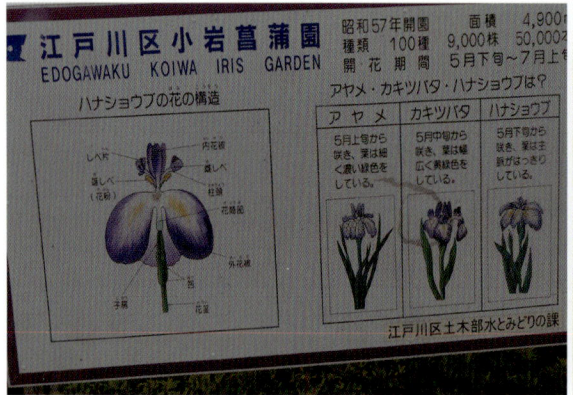
1982년 개원. 면적 0.49ha. 종류 백종, 9천주, 5만본 (18.06.11)

곡선형 원로와 꽃창포원의 조화(18.06.11)

여러색의 꽃창포가 조화를 이룸(18.06.11)

보라색 수술과 꽃잎(18.06.11)

보라색 꽃잎과 노란 꽃심(18.06.011)

짙은 보라색 꽃잎과 옅은 보라색 꽃심 꽃창포(18.06.11)

보라색 꽃창포들(18.06.11)

분주 4년생 꽃창포. 꽃 숫자가 많고 꽃이 실하다(18.06.11)

분주 1년생 꽃창포. 꽃 숫자가 적다(18.06.11)

갈대가 살아 가기가 만만치 않다(18.06.11)

서양수국이 예쁘게 피었다(18.06.11)

거목의 느릅나무가 이지역 중심이다(18.06.11)

2) 이치노에나누시야시키(一之江名主屋敷)

에도시대에 갈대숲 지역이었던 이 지역을 개척한 타지마(田島) 가문의 주거로 1776년에 지어진후 여러 차례 보수하였다고 한다. 1700년대 이 지역 개척지였던 이치노에신덴(一之江新田)의 나누시(名主)로 근무하였다. 나누시(名主)는 에도시대 촌장(村長)으로 민정을 다스리는데 신분은 백성이지만, 대문에 무사 여러 명을 배치하고, 자택을 관공서로 하여 공무를 집행하였다고 한다.

240년 전에 지어진 건물인데 지붕에 갈대를 얹었으며, 갈대는 20~30년 정도 가는데 연기로 훈증을 하여 갈대에 사는 해충을 제거했다고 한다. 정원은 1800년대 후기에 조영된 것으로 추측되며, 1999년에 재정비된 치센감상식(池泉鑑賞式) 정원이다. 1981년 1월 에도가와구 등록사적으로 지정되었고, 2012년 타지마(田島) 가문 16대 손에게서 구(區)가 매입하였다고 한다. 2천평 토지에 240주 나무가 자라고 있다.

토쿄도(東京都)에서 지정한 사적(12.02.19)

1776년에 지어진 나메시(名主) 주택으로 이후 보수하였다 함(12.02.19)

지붕을 갈대로 엮어 올렸다(12.02.19)

마루내 화로. 난방용이기도 하지만, 연기로 갈대 훈증처리 역활도 중요함(12.02.19)

측백나무 분재(09.02.03)

세키모리이시(關守石)는 외부인 출입금지를 표시함 (12.02.19)

분재들이 저택 역사를 말해 주고 있다(09.02.03)

주택부지내 위치한 넓은 농경지(12.02.19)

노령의 구실잣밤나무(09.02.03)

1999년에 재정비 된 치센(池泉)감상식 정원(09.02.03)

눈 덮힌 후원 숲(14.02.15)

초가 지붕의 나메시 주택(09.02.03)

3) 요오코오마츠(影向松)

천연기념물로 지정된 수령 6백년 정도 된 해송(海松, 黑松, 곰솔)으로 수고 8m, 수관 폭은 동서 31m, 남북 28m, 지상부 둘레가 4.5m되는 거목이다. 이 지역은 연못을 없애기 위해 매립한 후에 나무를 심어 물이 차서 수세가 약해져 배수관을 묻고 토양개량을 하는 등의 조치를 취하였다고 한다.

국가천연기념물인 6백년생 소나무(14.02.14)

키는 작지만, 수관폭이 동서 31m, 남북 28m에 이르는 거목이다(14.02.14)

수고는 8m인데, 수관위로 중심줄기가 솟아 있다 (14.02.14)

지상부 줄기둘레가 4.5m이나 되는 거목 소나무이다 (15.02.16)

소나무잎이 누렇게 변해 수목 생리작용에 문제가 발생 (15.02.16) 사찰내 치센(池泉)(15.02.16)

제2부
토쿄(東京) 공원녹지

제2부 토쿄도(東京都)의 공원 녹지

1. 토쿄도 자연개황

　토쿄도(東京都) 면적은 2,187km²로 인구는 1,362만명이다(2017. 4. 추계). 토쿄도는 23개 특별구, 26개 시, 5개 타운(町), 8개 마을(村)으로 구성되어 있다. 23개구는 동쪽, 26개시는 중앙, 5개 타운과 8개 마을은 서쪽에 위치한다. 서쪽 타운과 마을지역을 타마(多摩)지역 혹은 니시토쿄(西東京)라고 한다.

　토쿄도는 동서 90km, 남북 25km이며, 23개 특별구는 거의 평지인 동쪽 경계선에서 30km거리 내에 모여 있다. 서쪽 60km에 걸쳐 나머지 지역이 위치하고 있는 것이다. 인구도 특별 23개구가 8백 97만 명이다.

　지형적인 특징은 서쪽 경계선에 쿠모토리산(雲取山, 해발고 2,017m)을 비롯한 삼림이 분포하고, 동쪽엔 평지와 큰 강이 흐르고 있다. 동쪽 지역은 표고가 거의 0m이다. 기후는 습윤성 아열대성 기후로 여름인 8월 평균기온 섭씨 26.4도, 겨울인 1월 평균기온은 5.2도이며, 연평균 강수량은 1,530mm이다. 상록활엽수인 녹나무가 녹지의 주수종인데, 우리나라에서는 서귀포 저지대에 자생지가 있다.

　토쿄도 전체 녹지율은 큰 의미가 없다. 동쪽 평지와 하천유역에 주거지와 업무상가지역이 집중적으로 발달하여 이 지역 녹지율이 낮은 반면, 서쪽인 타마지역 쿠모토리산 권내 자연녹지가 많이 남아 있어 녹지율이 높다.

　토쿄(東京)는 1603년 토쿠카와이에야스(德川家康) 쇼군 본영이 세워지면서 에도(江戶)라고 부르기 시작하였고, 1868년 권력이 무사집단에서 왕으로 넘어 가면서, 교토에 살던 왕이 이곳으로 옮기면서 토쿄(東京)라고 부르기 시작하였다 한다.

　백년까지만 해도 23개의 구지역이 습지가 대부분이어서 현재의 토쿄역 지역만 좀 높은 대지이었다고 한다. 토쿄 평균 해발고는 20m이며 신쥬쿠(新宿)지역이 해발 30m라고 한다. 그리고 JR 야마노테센(山手線)은 서울 지하철 2호선과 같이 토쿄 중심부를 한 바퀴 순환하는데 토쿄(東京)역에서 시나가와(品川)에 이르는 야마노테센 동쪽은 매립지라고 한다.

토쿄 23개구 지역은 지난 백년간 연평균기온이 3도가 상승하는 도시열섬화(都心熱島化)현상이 심화되어 2006년도에 10년(2007~2016)간 그린토쿄 프로젝트를 수립한다. 88개의 새로운 공원을 조성하여 100ha의 녹지 확보를 목표로 하였으나 대부분 토쿄만을 매립한 지역에 해안림 조성에 초점을 맞추고 있다. 열섬화방지에 효과가 좋은 도심지 녹화는 만만하지가 않다. 그러나 지난 10년 간 도심녹화 노력은 눈에 띌 정도로 성과가 나타나고 있다.

예를 들면, 재개발시 공개공지 녹화가 확실하게 이루어져 녹의 양과 질적 향상을 체감할 수 있다. 아울러 대형건물 옥상녹화도 기대이상으로 논까지 조성했다고 한다. 도시열섬화 문제가 심각하지만 그 지역인 도심에서 저감시키려는 노력이 무엇보다도 중요하다.

그리고 가로수도 48만주에서 100만주로 높일 계획도 수립하였다.

토쿄 23개구 지역은 토쿄역에서 신쥬쿠역까지 이르는 지역에 역사적인 대형공원이 도심녹지형성에 큰 역할을 하고 있다. 예를 들면, 황궁성 녹지, 히비야(日比谷)공원, 신쥬쿠교엔(新宿御苑), 메이지진구(明治神宮), 요요기(代々木)공원등을 들 수가 있다. 그린 프로젝트 수행기간에 녹지률 5% 향상을 목표로 하고 있는데, 2020 토쿄하계올림픽을 앞두고 성과를 기대해 본다.

2. 토쿄도(東京都)의 공원

토쿄공원 역사를 일본 원로학자에게서 들은 적이 있다. 17세기경에 에도(江戶)성에 근무하는 사무라이들의 벚꽃놀이를 위한 것으로, 현재의 우에노(上野)공원, 아사쿠사(淺草) 공원 등 4개소에 큰 못가에 벚나무를 심어 하루에 가서 즐기고 그날로 돌아오게 하였다고 한다. 에도성에서 5~6km 떨어진 장소로 이런 장소들이 토쿄공원의 효시라고 한다.

토쿄 내 공원수는 11,039개소이며, 면적은 약 7,441ha라고 한다. 도시공원 구성은 국영공원(國營公園) 1개소(163ha), 도립공원(都立公園) 78개소(약 1,906ha)이고, 나머지는 각 구에서 관리하는 공원이다. 도민(都民) 녹지면적은 1인당 5. 7㎡이고, 2015년에 약 7㎡를 목표로 하였다(東京都,2011)

토쿄공원 경영 기본이념(2008. 8 확정)은 ①생명이 살아있는 환경을 차세대에게 계승하는 공원 ②도시매력을 높이는 공원 ③풍성한 생활의 핵심이 되는 공원이다. 공원관리조직은 토쿄도 건설국에 공원녹지부가 속해 있고, 부(部) 하부에 공원과 등이 편성되어 있다. 최근 유행되고 있는 도그런(개운동장)이 토쿄관내 11개소에 설치되었다 하며, 1개소 면적은 1,200~3,600㎡라고 한다.

1) 신쥬쿠교엔(新宿御苑)

에도(江戶)시대에는 개인정원이었으나, 메이지(明治)시대에 왕족토지로 귀속되었다. 메이지시대 전반부에는 농업진흥정책을 내무성에서 담당하였고, 「內藤新宿」시험장을 1872년 설치하였다고 한다. 구미제국의 과수, 야채들을 도입하여 재배기술을 연구하고, 아울러 양잠, 축산까지 연구하였다. 1875년 일본 최초의 온실을 지어 궁내성으로 이관한뒤 「신쥬쿠교엔」으로 명칭을 변경하였다. 이때부터 열대식물, 서양야채, 메론, 딸기 등을 키우고, 히말라야시이다, 백합나무, 프라타나스 등 외국에서 들여온 수목들을 재배하였단다. 일본 근대농업과 원예발달에 기여를 하였다고 한다.

1906년에 왕실정원을 완성하였다고 한다. 메이지시대를 대표하는 근대식 서양정원이란다. 일본 농학자 福羽逸人(1856~1921) 구상을 바탕으로 프랑스 원예학 교수 앙리마르티네가 설계하였는데, 세 영역으로 정원이 구성되었다. ①영국 풍경식 정원; 느티나무와 튤립나무 등이 점재하는 개방 분위기 ②일본정원; 물을 따라가며 경관을 감상하는 회유식 정원 ③프랑스정원; 정형(整形) 정원으로 중앙에 화단, 양측에 프라타나스를 배치한 좌우대칭형 디자인.

일본정원에 2개소 다실과 동쪽에 중국식 정자 구고료테이(旧御凉亭)가 있다. 일본정원은 3개의 치센(池泉)으로 구성되어 있다.

1906년 왕실성원으로 조성시 정원에 잔디를 식재하고, 왕실전용골프코스와 골프하우스가 함께 조성된다. 1947년 신쥬쿠교엔이 후생성소관으로 되었고, 1949년 5월 21일 「國民公園 新宿御苑」으로 일반에게 공개되었다고 한다. 1971년 발족한 환경청으로 이관하였고, 오늘날에는 환경싱 소관이 되었다.

면적은 58.3ha(18만평)이고 주변 둘레가 3.5km되는 신쥬쿠 도시지역의 거점녹지이다. 일본정원 계류는 고저차가 18m로 서쪽에서 동쪽으로 흐른다.

봄에는 65종류, 1천 3백주의 벚나무와 거목 백목련, 여름에는 흰색과 연분홍색의 수련, 가을에는 튤립나무, 프라타나스, 단풍나무, 은행나무의 단풍이 돋보인다고 한다. 매년 11.1~11.5에 열리는 국화전시회가 볼거리이며, 1904년부터 이곳에서 재배가 시작되었다고 한다.

1906년 서양정원으로 완성될 때 심은 나무들이 역사적인 고목으로 곳곳에서 자라고 있다. 그 나무들이 히말라야시다, 은행나무, 느릅나무, 메타세콰이아, 단풍버즘나무, 튤립나무, 느티나무, 계수나무, 서양칠엽수 등이다. 1875년에 지은 온실을 대개조하여 2012년에 완성하였다.

도심부에서 아스팔트와 콘크리트로 인한 복사열, 빌딩냉방과 공장에서 발생되는 열기 등으로 외곽보다 기온이 섬처럼 높은 현상을 히트아일랜드(Heat Island)라고 한다. 신쥬쿠교엔처럼 도심의 대규모 녹지는 주변 시가지 열섬화를 완화시키는 역할을 하여 도시녹지 기능의 중요한 부분을 담당하고 있다.

또한 수목들은 기공을 통해 이산화탄소, 이산화질소, 이산화유황 등을 흡수하고, 산소를 배출하여 수림지역은 수림이 없는 지역에 비해 개스농도가 1~2ppm 정도 낮다고 현지 해설판에서 설명하고 있다. 아울러 수림이 넓은 지역은 수림외곽에서 2.2km까지 영향을 미친다고 한다. 토쿄에서도 제일 번잡한 신쥬쿠지역에서 신쥬쿠교엔은 보약같은 존재이다. 일방적으로 사람에게 혜택만을 주는 나무들을 어떻게 해서라도 한 주라도 잘 심고, 잘 키워야 하지 않을까...

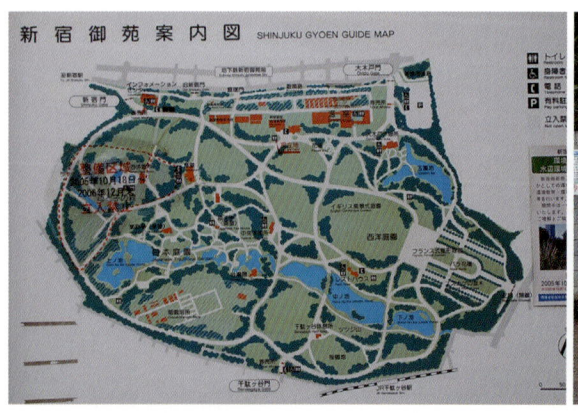

면적은 58.3ha, 크게 영국정원, 일본정원, 프랑스정원으로 나누어 조성됨(06.02.02)

1906년에 서양식정원으로 조성되어, 2006년 백주년 기념 (06.05.12)

영국정원으로 비스타(Vista)개념을 도입하여 조성. 맨뒤 흰 천막이 시선을 차단(15.04.17)

조성당시 식재한 수종들 중 10대 명목 선정. 당시 4만본이상 수목식재((11.02.22)

노목의 벚나무(11.02.22)

단풍버즘나무 노목. 가지 생장이 지장을 받지 않아 명목들은 수형 표본목임(05.04.26)

노거수의 적송(赤松)(07.03.29)

세주의 튤립나무 거목(05.04.26)

히말라야시다 노목(06.05.12)

거목의 낙우송과 기근(氣根, Knee Root)(15.04.17)

온난대림 극상수종(極相樹種)인 구실잣밤나무숲 (15.04.17)

일본정원. 치센과 소나무섬. 배경 숲은 구실잣밤나무, 느티나무, 단풍나무 등(15.04.17)

일본정원 치센(池泉), 반송, 벚꽃 경관(07.03.29)

낙화도 꽃이다((05.04.26)

중국식 정자 구구료데이(舊御凉亭)와 조경수 들. 배경은 구실잣밤나무림(05.04.26)

느티나무 고목의 아름다운 자태(05.04.26)

키 낮은 소나무 자태(15.04.17)

철쭉꽃. 한 주 전체가 붉은 꽃. 잘 관리했으며, 드문일이다 (05.04.26)

철쭉꽃(05.04.26)

큰 치센 수련과 배후 수림이 이루어낸 자연경관(05.04.26)

일본 최초의 의목(疑木) 다리(15.04.17)

만개한 벚꽃(07.03.29)

공원내에 65종류 벚나무가 1,300주 식재되어 있다 (05.04.26)

이초우사쿠라(一葉櫻) 꽃(15.04.17)

키쿠자쿠라(菊櫻) 꽃(15.04.17)

키쿠자쿠라 수형(15.04.17)

도가메벚꽃(15.04.17)

치센 데지마(出島) 끝에 세운 석등과 소나무가 만들어낸 경관(07.03.29)

프랑스 정형정원. 좌우대칭 정원이다(06.05.12)

단풍버즘나무가 열을 지어 있다(06.05.12)

화단은 장미원(06.05.12)

은행나무 거목들(15.04.17)

새로 지은 온실(15.04.17)

아마존이 원산지인 빅토리아 연꽃잎. 아기가 앉을 수 있을 정도이다(15.04.17)

2) 히비야(日比谷)공원

일본 최초로 도시공원계획, 설계, 시공된 서양식 근대공원으로, 개원은 1903년 6월 1일이란다. 설계는 독일에서 공부한 일본 최초의 임학박사 本多靜六 교수가 하였고 야외음악당, 공회당, 화단 등이 함께 건설되었다.

면적은 16.2ha이고 현재 수목수는 교목과 아교목 3,100주, 관목 10,100㎡, 잔디공간 11,300㎡가 식재되었다. 원내 화단에는 연중 계절마다 다른 꽃이 식재되는데, 200㎡ 면적에 3월 튤립, 7월 나팔꽃, 11월 국화꽃 전시회가 열린다고 한다. 원내에서 자라고 있는 꽃산딸 나무는 미국 워싱턴 포토맥 호반 사쿠라 증정에 대한 답례로 받은 나무를 식재한 것인데, 현재 자라고 있는 나무는 후손이라고 한다.

히비야공원 자체도 볼거리가 많지만, 공원 밖의 서남쪽에 조성한 가로숲은 우리에게 여러 가지 시사점을 던져 주고 있다. 보통 가로수 식재지는 6~8m 간격으로 가로수만을 심어 가로수길이 만들어진다. 이곳은 가로수를 포함하여 아교목, 관목을 함께 심어 비좁지만 가로숲을 조성하였다. 이렇게 되면 가로수의 대기오염물질 정화능력이 향상되고, 자동차 달리는 모습이 차단되어 시각적인 공해가 줄어들며, 시민들에게 더 쾌적한 환경을 제공하여 공원면적이 확장되는 효과까지 얻는다.

효과는 사람에게만 국한되는 것이 아니라, 야생조류 이동에 징검다리가 되니 야생동물 친화형 녹지이다. 요즈음 고밀화 된 도시에서는 토지가가 너무 높아 사적공간에 수목식재는 기대난망이다. 미세먼지 공포까지 엄습하고 있는 오늘날, 도심일수록 한 평의 녹지공간이 중요하다. 가로숲은 중요한 수단일 것이다.

가로공간은 가로수만의 동네가 아니라 가로숲을 계속 만들어야 한다. 그러면 식재하는 나무주수는 기존 도시에서 생육하는 나무수보다 더 많아진다. 나무를 식재할 공간이 없다고 하지 말고 가로숲을 만들자. 도시마다 도로가 얼마나 많은지 생각하면 도시녹지에 희망이 보인다. 아울러 빈 옥상, 콘크리트 벽면 모두 녹화대상이다. 몇 년 전에 유행하였던 도심녹화를 말로만 말고 강력한 실행이 필요하다.

히비야공원은 1903년에 개원한 일본 최초의 서양식 근대공원이라 함(05.04.25)

면적 16.2ha, 공원 조성시 야외 음악당, 공회당, 화단 등도 동시에 조성(13.05.14)

잔디광장을 히말라야시다가 에워싸고 있음. 현재 교목, 아교목수는 3,100주(09.05.02)

큰잎송악이 지표면을 완전히 덮었다(05.04.25)

봄이라 튤립의 향연이 열리고 있다(05.04.25)

힘차게 오르는 분수를 녹나무와 히말라야시다가 응원한다(05.04.25)

거대한 수문장, 녹나무. 이정도면 80~100년생일게다 (05.04.25)

가시나무와 단풍나무가 신록을 서로 뽐내고 있다 (05.04.25)

느티나무 신록의 향연(05.04.25)

이 은행나무는 공원밖에서 옮겨 왔다고 한다. 수령 약 5백년생(15.11.27)

신지이케(心字池)와 능수버들(15.11.27)

녹나무 신록(09.05.02)

히비야공원 서쪽도로(祝田通)의 4열 가로수(13.05.14)

공원 남쪽도로(國會通) 가로녹지. 층위구조에 맞추어 식재(13.05.14)

후박나무, 녹나무 등이 주수종인 가로숲(05.04.25)

가로녹지 폭이 1~1.5m인데 층위구조에 맞추어 가로숲을 조성(05.04.25)

아교목층과 관목층 식재를 내실있게 하였다(06.05.13)

거대한 녹나무들의 퍼래이드(09.05.02)

공원 서쪽은 관공서거리로 왕복 4차선도로에 식생경관을 잘 조성(13.05.14)

느티나무와 은행나무들이 가을옷을 갈아입기 시작하였다(15.11.27)

3) 시바(芝)공원

토쿄 미나토구(港區)에 위치한 도립공원(都立公園)이다. 일본에서 가장 오래된 공원으로 1873년에 지정되어 이후 다른 공원조성 모델이었다고 한다. 당시 增上寺 경내까지 공원이었으나, 1945년 이후 제외되어 환상공원이 되었단다. 면적은 122,501㎡이고, 교목 및 아교목 4,200주, 관목 16,000㎡가 식재되었다고 한다. 현재 녹나무, 느티나무, 은행나무 등의 거목이 자라고 있다.

단풍계곡은 1984년 복원된 계곡으로 높이 10m의 폭포가 이때 조성되었고, 주변에 여러 주의 단풍나무가 함께 식재되었단다.

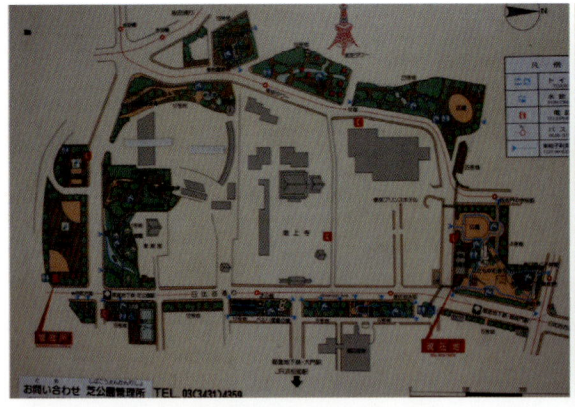

1873년 지정된 일본에서 가장 오래된 공원. 1945년 사찰이 제외됨(05.04.25)

시바공원 가로녹지. 100년생 가까운 녹나무 거목 동네 (05.04.25)

녹나무 신록(05.04.25)

용문폭포(龍門瀑). 바위잉어가 튀어 오를 형상, 성공하면 용이다(05.04.25)

거목 매화나무(05.04.25)

계류 돌배치와 단풍나무(05.04.25)

느티나무 신록으로 길이 밝아 보인다(05.04.25)

공원에서 보이는 토쿄타워(05.04.25)

철쭉꽃이 모자이크 수를 놓았다(05.04.25)

사찰 일주문. 사찰지역은 공원지역이 아님(05.04.25)

4) 우에노은사공원(上野恩賜公園)

본 공원은 1873년 시바(芝)공원 등 4개소와 일본 최초로 공원으로 지정되었다. 우에노공원은 아카사카와 더불어 17세기경부터 호수변에 벚나무를 심고 에도중심 막부에서 하루일정으로 상급 사무라이가 다녀오게 한 원시공원이었다.

전체 면적은 약 54만㎡이며, 1924년 궁내성에서 토쿄로 이관되어 현재 토쿄도립공원(東京都立公園)으로 관리되고 있다. 부지면적은 넓지만, 호수면적과 토지면적이 절반정도씩이다. 토지지역에 동물원, 토쿄도립미술관, 국립서양미술관, 국립과학박물관 등이 포진하고 있다.

작은 면적이지만, 보호되고 있는 구실잣밤나무숲을 볼 수 있다. 난온대 식생에서 극상림(極相林)에 해당된다. 넓은 호수는 연지, 야생조류도래지, 오리배 놀이터로 나뉘어 있다. 공원 전체에 교목 및 아교목 8,800주, 관목 24,800㎡ 가 식재되어 있고, 벚나무가 1천 2백주가 심겨 있다고 한다.

안내도. 1874년 개원. 호수 不忍池가 전면적의 30%정도(18.06.08)

녹나무 집단 식재지(18.06.09)

공원 주수종은 녹나무, 느티나무, 은행나무이며, 본수종은 녹나무 수형(18.06.09)

구실잣밤나무 숲(16.11.25)

개원때 우에노야마(上野山)는 자연림. 일부만 남음. 구실잣밤나무림(16.11.25)

개원당시부터 살아온 상록활엽수림(16.11.25)

녹나무와 구실잣밤나무 숲. 얼마남지 않은 자연림 (16.11.25)

不忍池(시노바즈노이케) 표석(18.06.09)

공원 전체 30%이상 차지하는 호수(不忍池). 연지와 보트장으로 나뉘어 있음(16.11.25)

연지(蓮池)(16.11.25)

초여름의 연지(蓮池). 활력있는 공간이다(18.06.09)

안경비까지...(18.06.09)

잉어가 무척 크다(18.06.09)

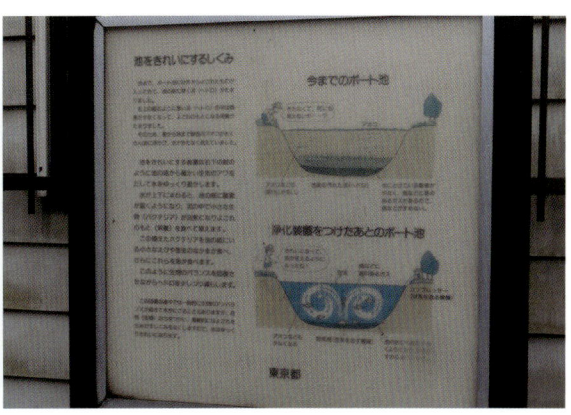
연못내에 산소 투입으로 퇴적된 유기물질을 정화시킨다고 함(18.06.09)

구실잣밤나무 수피를 이끼류가 완전하게 덮었다 (18.06.09)

느티나무 단풍으로 가을이 깊었음을 알 수 있다(16.11.25)

서양미술관내 느티나무 삼형제(16.11.25)

미술관에 소장된 옛 우에노공원 모습. 녹나무가 잘 자랐다 (16.11.25)

귀부인 은행나무(16.11.25)

아메리카 데이코. 남미원산 낙엽수. 붉은 꽃으로 인기 있음(18.06.09)

느티나무가 모여 산다(16.11.25)

아메라카 데이코 꽃(18.06.08)

거목의 능수벚나무(18.06.09)

가쿠계 수국(18.06.09)　　　　　　　서양수국(18.06.08)

가쿠수국. 중앙 양성화, 주변 청색의 장식화(18.06.08)　　우측이 미국계인 키시와바

우측이 미국계인 키시와바(相葉) 수국(18.06.8)　　수국 장식화가 분홍색(18.06.08)

벚나무 길(18.06.08)

소나무 줄기를 굽혀 원으로 만들고 月의 松으로 명명 (18.06.08)

5) 이노카시라은사공원(井の頭恩賜公園)

교토도(東京都) 무사시노(武藏野)시에 위치하며 1917년에 개원하였다. 공원 중심의 못은 「이노카시라이케(井の頭池)」로 과거 상수도 수원이었다. 못 주변에 잡목림(雜木林)이 남아 있으며, 개원면적은 385,844㎡이고, 식재된 수목수는 교목 및 아교목 10,700주, 관목 16,200㎡이다. 호수변 벚나무는 250주이고, 개화시 호수에 비치는 벚꽃이 아름답다.

1917년 개원. 면적은 38.5ha(05.04.22)

중심에 이노카시라이케(井の頭池) 위치. 한때 상수원으로 이용(05.04.22)

운 좋게 숫놈 원앙새를 보았다(07.03.30)

느티나무 신록(05.04.22)

졸참나무 동네(05.04.22)

두마리 벚꽃 용이 달려 나간다((07.03.30)

지상부와 수면 나무들이 대칭을 이룬다(07.03.30)

벚꽃 군상(07.03.30)

벚꽃잎이 하늘을 채웠다(07.03.30)

낙화들도 물가에 모여 아름다움을 과시한다(07.03.30)

신록들이 모여 만든 수채화 작품(07.03.30)

소나무 동네(07.03.30)

6) 히카리가오카(光が丘)공원

1940년 토쿄대녹지계획에 포함되었었으나, 1945년 육군비행장이었다가, 1953년 9월 미군주택지로 바뀌었다. 1973년 9월 미군주택지가 반환되었을 때 182ha를 처분하였다. 남은 60.7ha에 대해 1974년 공원계획을 결정, 1974년에 「풍부한 자연과 스포츠공원」이면서 광역재해 피난장으로 1974년 4월에 공원공사에 착수하게 된다.

1981년 12월 34.6ha 면적의 공원이 개원되었고, 그 후에 확장되어 현재는 60.7ha 공원이 조성되어 있다. 토쿄 네리마구(練馬區)에 위치한다. 공원 수림은 무사시노삼림공원(武藏野森林公園)의 잡목림을 재현하였다고 한다.

공원입구에 은행나무 가로수가 심겨 있는데, 본래 토쿄도청(東京都廳) 앞 도로에 1907~1909년에 식재되었었는데, 1935년 지하철공사로 이곳으로 이식하였다고 한다. 현재 수고 15m, 줄기둘레가 1.9m 에 달하며 수령이 백년이 넘어 네리마구 名木으로 지정되었다고 한다.

공원 내에는 거목 가로수들이 자라고 있었는데, 느티나무 수고 17m, 줄기둘레 2.5m, 은행나무 수고 17m, 줄기둘레 1.4m, 백합나무 수고 30m, 줄기둘레 2.5m인 나무들을 볼 수 있었다(17. 5). 공원과 연계된 아파트단지 내에는 4군데 공원이 녹도로 연결되어 있었다. 첫 번째 공원 한 지역에 사계절 향기나는 로즈가든이 조성되어 있어 많은 지역 주민들이 즐기고 있었다.

1981년 개원. 면적 60.7ha(17.05.17)

100년생이 넘은 은행나무 가로수길(17.05.17)

공원 입구 물길. 어린이 놀이터로 이용(17.05.17)

메타세콰이아 그룹(17.05.17)

거목 느티나무(17.05.17)

툴립나무 형제(17.05.17)

히말라야시이다가 감싸고 있는 휴게시설(17.05.17)

사계절향기공원은 아파트단지별로 4개소로 나뉘어 있다 (17.05.17)

향긋한 향기(Spicy)가 나는 장미 그룹 안내문(17.05.17)

사계절향기공원 로즈가든 입구(17.05.17)

서양계 야생종과 올드종 안내문(17.05.17)

품종명 Fragrance of Fragrance. 향기가 좋음
(17.05.17)

제2부 토쿄(東京) 공원녹지

야생종 장미. 향기별 3점(4점 만점)(17.05.17)

야생종. 품종명 Angel Heart(17.05.17)

품종명 Brilliant Pink Iceberg. 교배종(17.05.17)

찔레(17.05.17)

동양계 야생종, 올드종 안내문(17.05.17)

품종명 La Mariee. 향기가 짙음(17.05.17)

품종명 Blue Light. 꽃에 연한 블루우끼가 섞여 있다 (17.05.17)

향기로즈가든에 많은 사람들이 찾았다(17.05.17)

아파트단지내 느티나무 가로수길(17.05.17)

공원내 졸참나무. 줄기가 5개이다(17.05.17)

7) 토쿄도립농업공원(東京都立農業公園)

토쿄 아타치구(足立區)에 위치하며 1982년 10월 1일에 개원하였다. 원내에는 1983년 아다치구 지정문화재로 지정된 농가주택을 비롯하여 허브식물, 과수, 야채 등이 식재된 키친가든 형태의 밭, 논, 농기구 등을 볼 수 있다. 이 공원 내에는 강북오색벚나무(江北五色櫻)가 자라고 있다. 아라카와(荒川) 강변 오색벚나무는 토쿄 명소 벚나무중 하나이다.

1886년 카와키타(江北) 마을대표(村長) 주도하에 78품종 3천주 벚나무를 아라카와 강변에 6km 길이로 식재하였다고 한다. 흰색, 황색, 담홍색, 짙은 홍색, 홍색의 5가지 꽃이 구름에 떠있는 듯하다 하여 오색벚나무(五色櫻)라고 하였다 한다. 당시 풍경을 재현하기 위해 아라카와 강변에 33품종 83주 벚나무를 식재하였단다.

1912년 토쿄시장이 미국 워싱턴 포토맥 강가에 심을 묘목을 기증하였는데, 아라카와 강변 오색벚나무 가지를 삽목하여 키운 나무라고 한다. 1924년 이곳 오색벚나무는 국가사적명승 천연기념물로 지정되었다. 워싱턴에서 자라는 오색사쿠라에서 삽목, 묘목을 키워 1차로 1952년 3월, 2차로 1982년 2월에 고향으로 돌아왔다고 한다.

아타치구(足立區)는 옛부터 국화재배가 유명하였고, 1916년 저온에서 튤립촉성재배를 시작하여 유명하며, 이때 최신식 유리온실이 지어졌다고 한다.

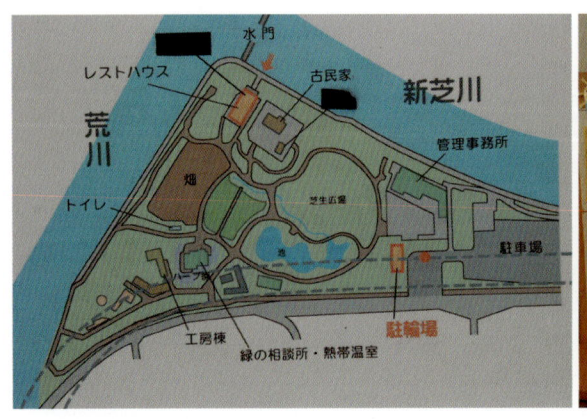

아라가와(荒川) 중류에 위치. 1982년 10월 1일 개원 (09.05.04)

여러 정보를 자연환경관에서 접할 수 있다(09.05.04)

자연환경관내 전시된 농기구들(09.05.04)

이축한 농가주택. 갈대 지붕(09.05.04)

논 한쪽에 모판 설치(09.05.04)

서양제비꽃 식재지(09.05.04)

녹의 상담소 외부 모습(09.05.04)

녹의 상담소 내부 모습(09.05.04)

장미원 입구(09.05.04)

장미가 개화하였다(09.05.04)

라벤다 꽃이 피었다(09.05.04)

1886년 78품종 벚나무 식재가 오색벚나무(五色櫻)의 시작 (09.05.04)

오색 벚나무림 구성 한 종인 꽃색이 연초록인 우콘벚나무 사진(09.05.04)

1924년 오색 벚나무림을 명승으로 지정(09.05.04)

이지역 오색 벚나무 묘목을 1912년 워싱턴 포토맥강변   잎이 무성한 오색 벚나무림(09.05.04)
에 식재(09.05.04)

8) 토쿄 디즈니랜드(Disneyland)

토쿄 디즈니랜드는 토쿄 에도가와구에서 동쪽 구에도가와(旧江戸川) 다리를 건너면 도달한다. 이곳 행정구역은 치바(千葉)현 우라야스(浦安)시 마이하마(舞浜)이다. 개원은 1983년으로 2018년이 개원 35주년이라고 한다.

디지니랜드 녹지는 대부분 조형적이다 입구 야자수 가   원뿔 모양 향나무(09.04.30)
로수(09.04.30)

격자판모양 꽃창포원(09.04.30)

두 품종 꽃색이 대조를 이룬다(09.04.30)

밤 꽃창포원(09.04.30)

그라스(Grass) 종류(09.04.30)

자수화단. 능수회화나무 줄기까지 가세(09.04.30)

후박나무와 철쭉 가로녹지(09.04.30)

녹나무 동네(09.04.30)

풍나무 가로수(09.04.30)

디지니랜드 상징 건물이 보인다(09.04.30)

금빛잎 누운향나무(09.04.30)

붉은 파도(붉가시나무)를 타고 있는 야자수(09.04.30)

원뿔 모양 주목이 열 지어 있다(09.04.30)

향나무 수벽(09.04.30)

띠녹지로 조성한 백색꽃 철쭉(09.04.30)

9) 요요기공원(代々木公園)

토쿄 특별구 23구에서 도시공원 중 5번째로 크다고 한다. 1967년 10월 20일에 개원하였고, 면적은 54ha 이다. 교목 10,400주, 관목 12,200m^2, 잔디 20,700m^2를 식재하였다.

단풍나무, 녹나무, 해송, 느티나무, 벚나무(소메요시노), 배롱나무, 산딸나무가 주수종이다. 개원시 느티나무 930주, 후피향나무 657주, 벚나무 639주, 녹나무 600주, 해송 459주, 구실잣밤나무 419주, 아왜나무 327주를 식재하였다 한다.

본 공원 부지 사용역사는 오래되었다. 1909년 육군연병장을 개설하였고, 이때 부지면적 28만평, 1945년 이후 미군부지로 사용하였고, 1964년 토쿄올림픽 선수촌 부지로 활용하게 된다.

메이지진구 건설당시 1920년대 초에 요요기공원으로 지정되었다가 보류, 1949년 요요기공원으로 160.98ha를 계획하였지만 보류, 1961년 미군숙소 반납이 있었지만, 이후 올림픽 선수촌으로 이용되었고, 올림픽이 끝난 후, 삼림공원으로 조성되지만, 도로 건너 종합체육관은 제외되었단다. 최종적으로 요요기공원 계획면적은 65.8ha이었고, 1979년 태풍피해로 많은 수목이 피해를 입었다.

개원당시 주요 수종을 집단으로 식재하여 50년이 지난 오늘날 각 수종의 독특한 장령림 수형을 관찰할 수 있고, 동시에 시민들은 즐거운 삼림 휴식장소로도 활용할 수 있다.

요요기공원 표석. 1967년 개원. 면적 54ha(18.06.09)

공원 입구. 동심원에 덩굴식물 그림이 있다(18.06.09)

공원밖 도로쪽에 가로숲을 조성하여 공원 확장효과를 가져옴(18.06.09)

안내도. 도로건너에 시설지구(B지구). A지구는 메이지신궁과 연계(18.06.09)

공원 남쪽을 통과하는 도로변에 가로숲 조성(18.06.09)

경관감상데크에서 공원을 바라봄. 삼림공원이나(18.06.09)

장미원. 경관용 장미(Landscape Rose LR)와 덩굴장미 위주(18.06.09)

장미원 일부 경관(18.06.09)

요사이 우리나라에서 보기힘든 양버들(18.06.09)

히말랴야시이다 위용(18.06.09)

수림지 지하에 물저장시설 설치, 비 온후 물이 서서히 토양에 침투케 함(18.06.09)

노목 벚나무. 모두 소메요시노 품종이라함(18.06.09)

가쿠수국계. 장식화가 크다(18.06.09)

서양수국. 장식화만 있다(18.06.09)

죽어가던 회화나무를 10년간 치료끝에 살려냄(18.06.09)

부정근(뿌리가 아닌곳에서 자란 뿌리)이 왕성하게 자라 살아났다(18.06.09)

녹나무 숲(18.06.09)

구실잣밤나무 숲(18.06.09)

요요기공원 Dogrun 표지판(18.06.09)

능수회화나무(18.06.09)

프라타나스들(18.06.09)

중국단풍나무 숲(18.06.09)

계수나무 숲. 나무마다 맹아가 자라고 있다(18.06.09)

벚나무 거목 줄기(18.06.09)

거목의 은행나무(18.06.09)

자전거 길이 따로 조성되어 있다(18.06.09)

버드 생츄어리. 습지가 보이는데 정비중이라 문 닫음 (18.06.09)

생물다양성공간 조성은 백년된 메이지신궁 숲과 연계 (18.06.09)

열병식(閱兵式) 소나무. 연병장시대(09~45)에 열병식에 참석(18.06.09)

느티나무 위용(18.06.09)

메이지신궁 숲은 자연 숲 같다(18.06.09)

공원 입구 느티나무와 녹나무(18.06.09)

3. 메이지진구교엔(明治神宮御苑)

인공적으로 조성한 숲이다. 본래 이 지역은 억새 등이 자라던 초원지대였으나, 1912년부터 히비야(日比谷)공원을 설계한 本多靜六박사를 비롯 6명의 임학자들이 식재설계 등을 하고 10만주 수목을 심어 신궁숲(神宮森林)을 조성한 것이다. 1916년부터 모델식재로 녹나무, 구실잣밤나무, 졸참나무, 느티나무를 주수종으로 하는 숲을 조성한 것이다.

그러나 1945년 폭격으로 일부 소실된 내원 숲(내원 전체면적 70만㎡)에 15만주를 보완식재 한 97년 된(2017년 기준) 숲이라고 한다. 2008년 조사에 의하면 245종의 식물이 생육하고 있다고 한다.

필자가 이 숲을 찾았을 때 난대림의 극상림(極相林)인 구실잣밤나무 숲이었다. 처음 설계를 할 때 난대림 극상림을 목표로 한 것 같았다. 우리나라에서 난대자연림의 생태적 천이(生態的遷移)는 곰솔림(海松林)→ 상수리나무림→ 상록참나무림(종가시나무, 가시나무 등)→ 구실잣밤나무림으로 진행되는데 자연상태로는 보통 2백년이 소요된다. 이 기간을 1백년으로 단축시킨 것이다.

2015년 5월 신궁숲에서 거목의 나무를 찾아 보았다. 녹나무 수고 25m, 줄기지름 80cm, 구실잣밤나무 수고 20~25m, 줄기지름 50cm, 전나무 줄기지름 50cm, 삼나무 수고 30m, 느티나무 수고 30m, 줄기지름 60cm, 단풍나무 줄기지름 35cm, 은행나무 줄기지름 70cm 등이었다. 신궁 토리는 1천5백년된 삼나무로 1975년 12월에 세웠다고 하며 높이 12m, 지름이 70cm라고 하였다.

신궁숲에는 교엔(御苑)이 8만 3천㎡ 규모인데 유료공간으로 꽃창포원과 숲으로 나뉘어 있었다. 창포원은 150품종이 심겨 있다고 한다. 이 지역에서 필자가 관찰한 거복들은 돌참나무, 벚나무, 개서어나무, 서어나무, 굴거리나무, 종가시나무, 예덕나무, 편백나무, 단풍나무, 목련, 느티나무, 삼나무 등이었으며 졸참나무와 개서어나무가 많았다.

신궁 입구. 1916년 수목식재. 45년 전쟁 피해로 일부 재식재(01.02.18)

신궁 입구. 15년 사이에 녹나무가 자라나 빈공간을 메움 (15.04.17)

구실잣밤나무와 느티나무 수관부 모습. 공생공존이 평화이다(15.04.17)

소나무와 느티나무가 이웃 사촌(09.05.02)

녹나무(상)와 구실잣밤나무가 2단림을 형성하고 있다 (18.06.09)

구실잣밤나무 숲. 한 주 느티나무가 끼어 있음(15.04.17)

중앙에 느티나무가 곧게 자랐다(18.06.30)

녹나무 거목(18.06.09)

치센이 교우엔(御苑)의 중심. 노목들의 숲으로 둘러 싸여 있다(09.05.02)

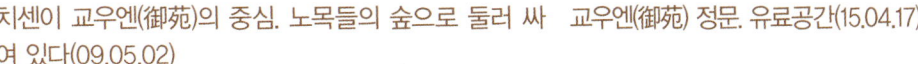

교우엔(御苑) 정문. 유료공간(15.04.17)

구실잣밤나무 수관 내부 모습. 영역이 나뉜다(13.05.14)

팔손이 어린 잎이 예쁘다(13.05.14)

단풍나무 두 주의 신록(13.05.14)

치센 주변 삼림 풍경(09.05.02)

꽃창포들이 새들 공격으로 그물속에서 보호받고 있다 (09.05.02)

초가 정자(09.05.02)

꽃창포원. 1897년 조성. 당시 80여종, 현재 150종, 1천 5백주(18.06.09)

淸正井. 맑고, 南池(난치)에 물을 대준다(18.06.09)

南池. 규모가 있고, 물이 맑아 호수거울이 인상적임 (18.06.09)

南池에 수련들이 활짝 속내를 보이고 있다(18.6.09)

草亭이 녹음속에 묻혀 쉬고 있다(18.06.09)

창포, 붓꽃, 꽃창포 구분방법을 알려준다(18.06.09)

제2부 토쿄(東京) 공원녹지 | 127

꽃창포를 따라 가다보면 초정에 이른다(18.06.09)

다양한 꽃색갈(18.06.09)

4. 가로녹지와 공개공지

　토쿄도 가로수는 토쿄도 건설국 공원녹지부 소관으로 2005년 현재 477,455주라고 한다. 수종별 비율은 ①은행나무 13.4% ②산딸나무 11.0% ③프라타나스 8.1% ④벚나무류 6.0% ⑤중국단풍 7.8% ⑥느티나무 6.0% ⑦녹나무 4.1% ⑧졸참나무 3.4% ⑨회화나무 3.3% ⑩소귀나무 2.7% ⑪목백합 2.1% ⑫목련 2.0% ⑬미국풍나무 1.9% ⑭배롱나무 1.4% ⑮칠엽수 1.4% ⑯가시나무 1.3% ⑰벽오동 1.3% ⑱수양버들 1.2% 순이었다.

　산딸나무와 목련 등은 번잡한 도심부에서 큰 나무가 자랄 수 없는 지역에 식재된 곳이 있었다. 졸참나무는 일본 칸토(關東)지방 자연림에서 자라는 나무로 가로수나 조경수로 식재되고 있었다. 필자는 토쿄도 의원회관 앞 녹지에 졸참나무가 식재된 것을 본 적이 있었다.

　토쿄도 가로수 식재역사를 간단히 살펴본다. 1873년 긴자(銀座)가로에 소나무, 벚나무 가로수가 식재의 시작이었고, 1907년에 가로수 육묘를 시작한다. 1925년(대지진)이후 가로수를 본격 심어 2만 5천주가 되었고, 1944년에는 10만주가 넘어 가로수가 많은 도시로 세계에 알려지게 되었다고 한다. 그러나 1945년 전쟁이후 가로수는 3만주만이 남았고, 계속 식재하여 1965년 11만 2천주, 1993년 43만주, 2005년 48만주에 이르게 된 것이다.

1) 토쿄 가로수 산책로(東京街路樹散步道)

토쿄도에서 추천하는 토쿄 도심 가로수 산책로가 있다. 메이지진구(明治神宮)앞에서 전철역 오모테산도역(表參道驛)에 이르는 오모테산도(表參道)의 느티나무 가로수길, 신궁외원(神宮外苑)의 은행나무 가로수길, 이곳에서 연결된 영빈관 앞도로의 튤립나무길이다(東京都, 2011). 느티나무 길과 은행나무 사이 도로는 아오야마 공동묘지(靑山靈園)를 통과하는 도로인데, 가로수는 벽오동으로 수령이 십 수 년에 불과하였다(2013. 5 현재).

오모테산도(表參道) 느티나무는 1920년에 식재되어 수령이 100~110년 되는 나무이었다. 수고 15~17m, 줄기직경 60~100cm이었다(13.5.10. 현재). 도로 폭은 50m로 양쪽에 느티나무 가로수, 중앙분리대에 녹지가 조성되어 있었다. 가로수 하부에 폭 2.5m의 띠녹지가 만들어져 있었다. 띠녹지에는 수고가 1.5m인 철쭉, 우묵사스레피, 호랑가시, 팔손이 등이 식재되어 있었다.

가로수길 중앙에 육교가 있어, 이를 오르면 느티나무 가로수길 전경을 내려다 볼 수 있다. 베어진 느티나무 그루터기가 있어 나이테를 헤아려보니 110년생이었고, 그루터기 직경은 80cm였다. 현장 해설판에 의하면, 느티나무는 일본 칸토(關東)지방 평야지대에서 흔히 볼 수 있으며, 과거 무가주택, 민가, 도로 방풍림으로 많이 식재되었다고 한다. 느티나무 가로수는 가지 뻗은 수형이 웅대하고, 봄 새싹, 여름 녹음, 가을 단풍, 겨울 나목의 사계절 변화가 아름답다고 한다.

신궁외원(神宮外苑) 은행나무는 족보가 알려진 나무이다. 현장 리프렛 보관통에 비치된 자료에 상세히 설명하고 있다. 은행나무는 지질학상 고생대말기인 1억 5천만 년 전(육식성 공룡이 살았던 시기)에 지구상에서 넓게 분포하였다고 한다. 남북반구, 중국, 일본 등지에 분포하였는데 빙하기가 도래한 이후 대부분 지역에서 은행나무가 멸종되었고, 중국 일부지역에서만 사멸을 피할 수 있었다고 한다. 일본 은행나무는 중국에서 도래한 수종으로 가로수, 방화수, 정원수로 넓게 식재한다고 하였다. 토쿄에서 흔한 나무가 되어 「토쿄의 나무(東京木)」으로 지정되어 있다고 한다.

신궁외원 은행나무 가로수길은 4렬로 식재되어 있는바, 모두 146주(숫나무 44주, 암나무 102주)라고 한다. 이 은행나무는 實生으로 일본 조원계 태두인 折下吉延

박사(외원 조성시 정원기사, 1966년 86세로 타계)가 신쥬쿠교엔(新宿御苑)에서 근무하면서 한 나무에서 종자를 채취, 메이지신궁 양묘장에서 양묘를 하였는데, 수량이 1,600주였다고 한다.

외원(外苑) 조성당시 이 은행나무를 가로수로 심기로 결정되었는데, 수고가 6m였고, 이들 나무 중 가로수 수형으로 적합한 나무들을 골라 매년 수형을 정리하는 등 관리를 하여 1923년 이곳에 가로수로 식재하였다고 한다. 묘포장 실생묘에서 109년(2017년 현재), 외원에 식재한지 94년이 지났으며, 계속 관리를 해 온 덕에 오늘날의 멋진 수형을 가진 가로수가 되었다.

2005년 3월 측정에 의하면 수고 최고 28m인 나무의 줄기둘레 2.9m, 최저 수고인 17m인 나무 줄기둘레가 1.8m이었다고 한다. 수고 순서대로 남쪽 아오야마입구(靑山口)에서 외원으로 내려가는 구배로 식재하여 외원회화관으로의 원근법이 형성되도록 식재하였다고 한다. 2013년 5월 13일 우리팀이 측정한 바에 의하면 줄기둘레 2.1m인 나무수고 22m, 그리고 줄기둘레 2.0m인 나무, 3.1m인 나무들이 함께 자라고 있었다.

4차선도로 양쪽에 2열씩 4열로 식재되어 있고, 동쪽가로 은행나무 밑에 폭 3.5m의 띠녹지가 조성되어 있었고, 연이어 폭 5m의 보도, 2열째인 은행나무 가로수에서 폭 7m인 녹지대 그리고 끝에는 투시성 철조망으로 영빈관 녹지와 연결되어 있었다. 철조망 안에는 수고 25m이상의 프라타나스와 느티나무가 서 있어, 은행나무 가로수와 더불어 풍성한 녹지를 형성하고 있었다. 보도 군데군데 벤치가 있어 은행나무 가로수와 시절 이야기를 나눌 수 있겠다.

영빈관 앞 목백합 가로수는 거목이다. 목백합은 북미가 원산지로 목련과인데, 일본에는 메이지(1868~1912) 초기에 도래되었다고 하며, 꽃이 튤립모양 같다 하여 목백합(Tulip tree)이라고 부르게 된 것이다. 1909년에 건축한 영빈관은 베르사이유궁전을 본따 지었는데, 서양건축물과 조화를 위해 튤립나무를 1913년에 식재하였다고 한다(東京都,2011).

겨울철이라 한가한 느티나무 가로수길(01.02.18)

오모테산도(表參道) 가로수 느티나무는 100～110년생 (08.06.05)

느티나무 수관 민낯을 보여주고 있다. 평균 수고 15～17m(15.04.07)

재개발 이전이라 건물 앞에 나무가 서 있다(01.02.18)

재개발이후 가로수길. 여유로운 맛이 없어진 것 같은데 (06.06.05)

느티나무 아래에 아교목과 관목층으로 띠녹지 조성 (13.05.10)

느티나무에 이끼가 자라고 있음. 평균 흉고직경 0.6~1.0m(08.06.05)

느티나무 고유수형인 원정형이 유지되며 자라고 있다 (13.05.10)

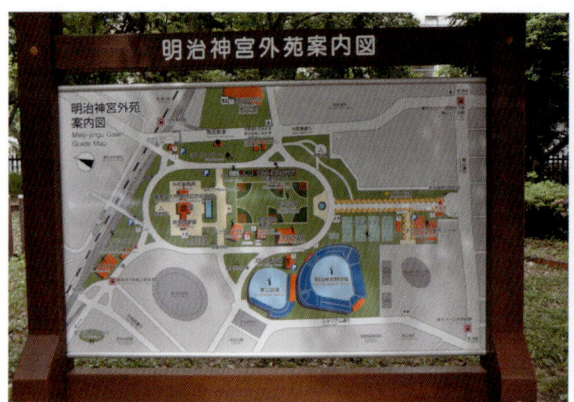
메이지신궁 외원 앞쪽에 은행나무 가로수가 심겨 있다 (13.05.10)

메이지 신궁 건물이 뚜렷이 보인다(01.02.18)

27년과 88년 은행나무 비교 사진(현장 전시)(05.04.25)

4렬 은행나무 가로수. 전정으로 수형이 동일함. 110년생 146주 식재(13.05.10)

꼬깔 모양 수형 은행나무. 수고 최고 28m(05년 현재) (13.05.10)

은행나무 가로수길. 관리가 잘 되고 있다(01.02.18)

은행나무 터널(13.05.10)

가로수 뒷편에 지피식물로 송악 식재(05.04.25)

영빈관도로 튤립나무 가로수길(01.02.18)

겨울이라 튤립나무가 잎을 몸속에 간직하고 있다
(01.02.18)

싱그러운 튤립나무 가로수길(05.04.25)

튤립나무 수형(05.04.25)

2) 토쿄도청(東京都廳) 인근 가로녹지

재개발지역에 토쿄도청이 건립되고, 주변 도로 전체가 정리되었다. 가로녹지를 넉넉하게 조성하였고, 잘 관리되고 있는 띠녹지가 산뜻하다. 토쿄도 의회청사 앞 녹지에 졸참나무가 조경수로 식재되어 있었다.

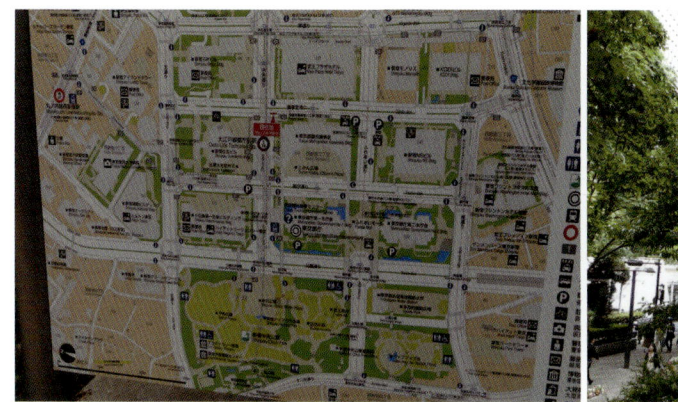
도청주변이 재개발되면서 공개공지확보로 녹지가 확실하게 증가(17.05.17)

호텔 공개공지에 상수리나무, 느티나무가 식재됨(17.05.17)

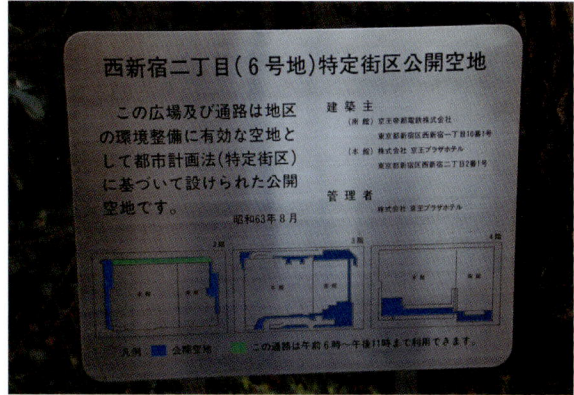
공개공지 표지판. 시민에게 양질 녹지를 제공(06.02.05)

녹나무와 느티나무 아래에 철쭉류 식재로 관목층 조성(06.02.05)

가로변 녹지. 시민에게 시각적, 심리적 안정을 줌(06.02.05)

관목으로 사사와 회양목을 식재(06.05.13)

지하 주차장을 끼고 입체적인 식재로 많은 녹지량이 확보됨(06.05.13)

관목 식재가 교목과 잘 어울린다(06.05.13)

느티나무 터널. 햇빛과 미세먼지 차단효과를 얻을 수 있음(06.05.13)

도심에 물길은 도심열섬화억제에 큰 역할(06.05.13)

식재기반이 인공지빈임(06.05.13)

녹지양이나 미적으로나 훌륭한 녹지(06.05.13)

이런 고층 건물군에서는 공개공지가 무척 중요 (17.05.17)

철쭉종류가 앙징맞게 꽃 피었다(17.05.17)

졸참나무가 조경수로 식재되고 있다(17.05.17)

토쿄도의회 회관앞 녹지(17.05.17)

3) 토쿄역 야에스(八重州) 광장과 재개발지역

　토쿄역 동쪽에 야에스 중앙구가 있고, 넓은 광장에 녹지를 조성하였는데 그 방식이 독특하였다. 평소 사람들 왕래가 많은 번잡한 지역으로 녹지를 조성하기가 곤란한 지역이다. 그렇다고 포장의 광장은 여름에 아무 쓸모가 없을 것이다.

　포장면을 유지하는 대신 돌 플랜트박스를 대형으로 만들고 큰 나무를 식재한 것이다. 하나의 플랜트박스는 가로 5m, 세로 3m, 높이 1m의 대형 돌 플랜트박스를 배치하고, 수고가 5~7m인 시마노데리코(섬물푸레나무)를 식재하였다. 오키나와, 대만, 필리핀의 아열대지방에 사는 나무이다. 아울러 관목과 초본류를 식재하여 녹지섬을 조성하였고, 높이 1m 벽면도 녹화하였다.

　사람들이 플랜트박스를 피해 다닐 수 있고, 나무 밑 한켠에 설치한 긴 돌의자에서 휴식을 취할 수 있었다. 역 입구 2층 계단으로 올라가는 경사면 벽면도 벽면녹화가 되어 있었다.

　기후온난화, 도시열섬화가 점점 심해지고 있기에 도심에서 작은 면적이라도 포장면을 줄이고, 녹화를 한다는 것 자체가 중요한 일이다. 사람 왕래가 번잡하더라도 녹화를 할 수 있는 방법을 보여주고 있는 것이다.

　토쿄역 남서쪽 고층빌딩지역은 재개발된 지 얼마 안 되는 지역이다. 이 지역 공개공지는 이웃건물끼리 합쳐 넉넉하게 녹지공간을 확보하여 공개공지 숲을 만들고, 물길까지 조성하였다. 도시열섬화가 심해지고 있는 이때, 재건축과 재개발지역은 공개공지를 적극적으로 활용, 숲과 물길을 계속 만들어 가야할 것이다.

八重州입구는 매우 붐비는 장소. 수목을 돌프랜트박스에 식재. 높이 1m, 가로 3m, 세로 5m(18.06.09)

붐비는 곳에 녹지확보 대신 프랜트박스를 도입. 관목도 함께 식재(18.06.09)

주동선은 넓게 확보. 프랜트박스마다 벽면녹화 실시 (18.06.09)

모아심기를 하여 한곳에 나무줄기가 5~7개. 엽량증가 효과(18.06.09)

수형이 정연한데, 수고도 평균 7~8m(18.06.09)

수종은 열대물푸레나무로 오키나와, 대만이 원산지 (18.06.09)

열대물푸레나무 꽃과 잎(18.06.09)

모아심기로 줄기가 6개나 됨(18.06.09)

축대 벽면 노출지도 벽면녹화(18.06.09)

八重州입구 돌계단을 벽면녹화로 돌, 콘크리트 노출을 없앰(18.06.09)

환기구의 녹화(18.06.09)

자동차 출구지역으로 동선을 따라 녹화함(18.06.09)

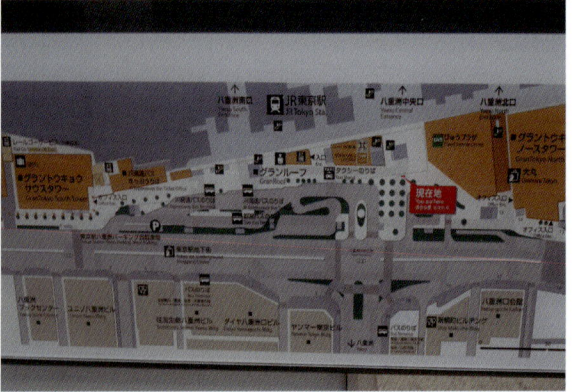
안내도에 프랜트박스를 녹색점으로 표시함(18.06.09)

토쿄역 서쪽 재개발지역. 고층빌딩가 공개공지. 녹량을 극대화(18.06.09)

녹지량이 많은 공개공지는 훌륭한 휴게장소(18.06.09)

공개공지에 흐르는 물은 도심열섬화억제에 좋은 역할(18.06.09)

느티나무 독립목밑마다 관목식재(18.06.09)

옥상녹화로 정원을 조성(18.06.09)

가로수길. 도로쪽 가로녹지가 녹량이 높다(18.06.09)

옥상녹화로 대형수목이 식재되었다(18.06.09)

가로녹지 아교목하부를 큰잎송악이 덮었다(18.06.09)

유리안내판. 3개 대기업이 공동으로 공개공지 조성. 7년이 지남(18.06.09)

관목을 잘 가꾸어 경관적, 녹지증대 효과를 가져옴(18.06.09)

공개공지를 정원처럼 조성, 관리한다(18.06.09)

녹지가 부족한 도심에 귀중한 오아시스(18.06.09)

가시나무종류에 도토리가 달림(18.06.09)

은행나무 가로수밑에 아교목을 밀식하여 보행인을 편안케 함(18.06.09)

잘 관리되고 있는 은행나무 가로수(18.06.09)

4) 오다이바(お台場) 녹지

토쿄만 매립지에 건립한 신도시로 가로녹지, 공개공지, 공원 등 녹지가 넉넉하면서 디자인이 잘되어 있어 景觀美가 돋보인다.

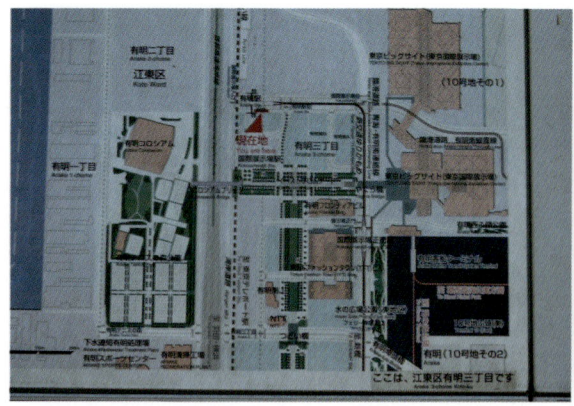

매립지로 국제전시장 등이 입지. 풍성한 녹지가 장점 (01.12.31)

은행나무 등 교목 줄기가 통직. 관목이 풍부(01.12.31)

나무 배치가 조형적(01.12.31)

겨울 해풍으로 나무들에 겨울 반코트를 입혔다(01.12.31)

유연한 선을 가진 산책로를 조성(01.12.31)

녹나무에 모두 받침목을 설치(01.12.31)

독특한 건물, 방송국이다(01.12.31)

겨울 폭포는 춥다(01.12.31)

오다이바 랜드마크(08.06.09)

녹나무 숲. 나무들이 성숙해졌다(13.05.12)

때죽나무 꽃길(13.05.12)

때죽나무 꽃(13.05.12)

녹나무 가로수 길(08.06.09)

송악으로 덮은 계단벽(08.06.09)

레고블럭으로 쌓아 놓은 것 같은 식재공간(08.06.09)

에도시대 서원모습을 타일에 그려 바닥에 설치(08.06.09)

정형적인 녹지로 조성된 산책로. 뛰어야만 되는 분위기 (08.06.09)

녹나무와 해송 숲(08.06.09)

5) 히카리가오카(光か丘) 가로녹지

 네리마구(練馬)구의 히카리가오카(光か丘)공원에서 시작하는 남쪽 도로 보도녹지도 볼 만 하지만, 도로 중앙분리대가 더 눈길을 끈다. 다행이 양쪽 아파트단지를 연결하는 육교가 있어 가로녹지를 잘 관찰할 수가 있다.

본 가로녹지는 히카리가오카 공원과 연계 되어 있다
(17.05.17)

육교에서 바라본 가로녹지. 인도 녹지가 꽉차 있는 느낌
(17.05.17)

느티나무 가로수밑에 철쭉을 잘 관리하고 있다
(17.05.17)

주택가쪽(우측) 녹지 폭이 5m이상으로 녹지량이 풍부
(17.05.17)

녹지량이 풍부한 인도를 걷는 시민들 모습이 여유롭다 (17.05.17)

중앙분리대 폭이 4m이고 아름답게 조성(17.05.17)

중앙분리대 꽃밭. 운전자들 사랑을 받을 것이다 (17.05.17)

인도에 조성한 철쭉 꽃밭(17.05.17)

중앙분리대에 조성한 기하학적인 녹지(17.05.17)

인도 좌우 녹지가 풍성하다(17.05.17)

6) 요요기(代々木)공원 앞 가로녹지

1967년에 개원한 요요기공원면적은 54만㎡에 이르는 거대한 토쿄도립공원(東京都立公園)이다. 이 공원 남쪽 도로와 공원사이에 조성한 가로숲이다. 가로녹지 폭이 넉넉하여 느티나무를 4열로 식재하였다. 2013년 5월 현장에서 측정한 자료에 의하면 느티나무 평균수고 15m, 줄기둘레 1.9~2.5m로 거목이었고, 보도는 느티나무터널이었다. 도로 쪽으로도 폭 5m의 녹지가 조성되어 있다.

느티나무 밑에 아교목과 관목을 심어 가로숲을 조성한 것이다. 아교목과 관목 수종으로 수고 8m의 녹나무, 수고 5m의 굴거리나무, 팽나무, 일본목련, 수고 3m의 산딸나무, 산수유 등이 심겨 있었다.

요요기공원 남쪽 밖에 조성한 꽃 소로(花小徑). 폭 5m(05.04.25)

느티나무 위상이 대단하다(13.05.10)

인도에 그려 놓은 느티나무(연한색)와 녹나무 (08.06.05)

아교목, 관목 녹지량이 풍성하다(08.06.05)

인도에 덩굴성 식물을 그려 놓았다(13.05.10)

중앙녹지를 느티나무로 식재(13.05.10)

교목, 아교목, 관목 층위를 고루 갖춘 식재기법 (13.05.10)

중앙녹지를 느티나무로 식재(13.05.10)

가로숲이다(13.05.10)

아교목층을 상록활엽수로 식재(13.05.10)

요요기공원앞 도로 가로수길. 중앙분리대는 관목을 식재(13.05.10)   중앙분리대 홍가시나무 붉은 새싹이 눈을 끈다(05.04.25)

7) 롯폰기(六本木)힐즈타워 녹지

토쿄 미나토(港)구에 위치하며 2003년 4월 재개발에 착수하여 2006년에 완성한 건물이 롯폰기힐즈타워로 54층, 250m 높이이며, 52층에 「토쿄시티뷰」라는 전망대가 있어 오를 수가 있다. 롯폰기(六本木) 명칭은 1660년대부터 부르던 이름으로, 느티나무 6주를 말하는데, 3주는 베어지고, 3주는 2차대전 때 피해를 입었다고 한다. 2006년 건물이 완성될 때 모리(毛利)정원이 공개공지에 조성된다. 모리는 2003년 7월 25일 우주를 비행한 모리마모루(毛利衛) 이름을 따서 붙인 것이라고 하였다. 총 7만 8천㎡ 부지에 녹지 4만㎡가 조성되었다고 한다.

공개공지 제도는 보통 거대한 건물이나 공동 주거단지 건축 시 일정 면적(보통 대지 면적의 15% 정도)을 녹지로 조성하여 시민에게 공개할 경우, 건물 증축이나 다른 혜택을 건물주에게 주는 제도로 도심에 녹지를 확보할 때 유용하다. 모리(毛利)정원은 롯폰기힐즈의 그린심볼로 하늘과 녹을 느낀다는 일본정원으로 못과 물길을 조성하였다고 한다.

녹나무, 벚나무, 팽나무, 은행나무 등 큰나무 9주를 존속시키고, 봄벚꽃, 가을 단풍으로 계절의 변화를 느낄 수 있는 회유식 정원이다. 식재수종은 난풍나무류, 철쭉, 회양목, 아세비철쭉이었고, 초본류로 억새도 심겨 있었다.

52층 토쿄시티뷰에서 바라본 인근 건물들의 옥상녹화가 인상적이었다. 아름다운 정원은 물론 과수원, 듣기로는 논까지 조성되어 있단다. 옥상에 물을 끌어 올리는데 또 다른 에너지가 많이 사용만 안 된다면 과감하게 옥상에 논을 만드는 것이 중요한 도심환경 해결의 열쇠가 될 것이다. 논의 물 증발로 도시열섬화 억제는 물론, 다양한 생명체 공간으로 바뀌는 것이다. 물문제만 해결된다면 엄청난 개혁적인 생각이다.

2003년 모리(毛利)정원 완성. 못, 6주 벚나무, 은행나무등 표시(17.05.18)

느티나무 마을(17.05.18)

입구 꽃밭이 마음을 이끈다(17.05.18)

수변을 곡선으로 조성(17.05.18)

녹나무 위상(17.05.18)

벚나무들이 보인다(17.05.18)

물소리가 나는 도심 정원(17.05.18)

거목의 은행나무(17.05.18)

큰 구슬을 꿰어 하트형상을 만들었다(17.05.18)

54층 전망대에서 주변 옥상녹지를 볼 수 있다. 건물마다 작품이다(17.05.18)

질서정연하게 나무를 심었다(17.05.18)

메이지신궁 외원 은행나무 가로수(17.05.18)

나무 구성이 다양하다(17.05.18)

아오야마(青山) 공동묘지(靈園). 녹지기능이 있다(17.05.18)

영빈관이 녹지속에 위치한다(17.05.18)

신쥬쿠 거점녹지. 메이지 신궁, 아오야마영원, 신쥬쿠교엔, 영빈관이 거점녹지(17.05.18)

8) 스미다가와(隅田川) 리버시티

토쿄 중앙구에 위치하며 스미다가와(隅田川) 하류 月島 북쪽에 위치하는 고층 아파트 단지이다. 이 지역은 아파트 건물(9개동 정도임)만 제외하고 모든 녹지가 공개공지로 지정되어 있다. 전 부지의 40%이상이 녹지지역인 것 같다. 앞으로 도심 재개발지역에서 녹지를 양과 질적으로 확보하는 방법으로 좋은 사례일 것 같다.

콘크리트 강변에 조성한 녹지(01.02.09)

스미다가와 콘크리트 사면 녹지(01.02.09)

사면녹지 디테일(01.02.09)

리버시티 21 공동주택단지와 공원(01.02.09)

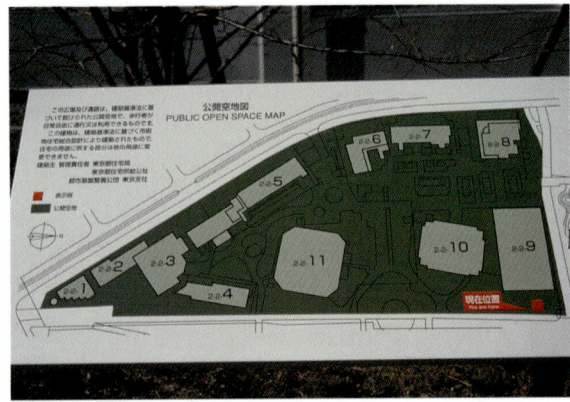
공동주택단지 실외공간은 공개공지로 모두 개방 (01.02.09)

차폐를 위해 일부러 교목을 건물앞에 심은 모양이다 (01.02.09)

차폐기능 녹지. 공개공지가 살고 있는 주민들에 피해를 준다(01.02.09)

후박나무 동네(01.02.09)

대형 녹나무와 사사종류 관목(01.02.09)

옛 창고형 붉은 벽돌 건물(01.02.09)

교각 잔재를 살려 녹지 공간 설치물로 활용(01.02.09)

걷는 길은 아니겠지…(01.02.09)

9) 신우라야스(新浦安) 심볼로드

치바(千葉)현 우라야스(浦安)시에 위치한다. 에도가와 카사이린카이(葛西臨海)공원 전철역에서 치바현을 향해 구에도가와(旧江戸川)를 건너면 만나는 두 번째 정거장역이 우라야스(浦安)이다. 우라야스역에서 남동쪽 방향으로 신우라야스에 이르는 도로로 우라야스시에서 심볼로드로 지정하였다. 에도가와구 답사시 이 지역 호텔을 이용할 때 심볼로드를 여러 번 답사하였다.

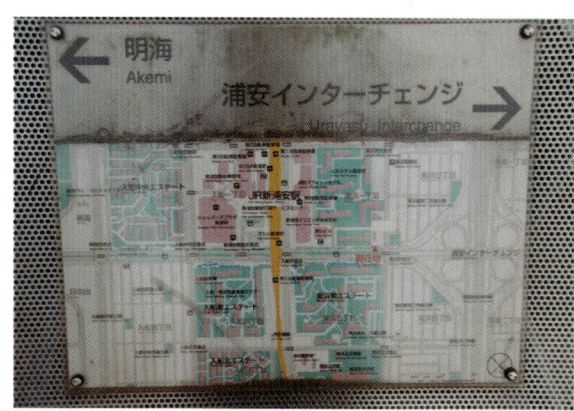

JR신우라야스역 남쪽도로가 심볼로드(09.04.30)

역전 광장에 열지어 식재한 느티나무 밑이 휴식처 (11.02.21)

역전 광장 녹나무 독립수(09.04.30)

심볼로드 녹지에 100종류 수목식재. 작은 곤충도 서식 (17.05.20)

3차선 도로 양옆에 가로녹지 조성됨(11.02.21)

가로녹지 인도애 큰 돌을 배치하여 정원풍 분위기 (11.02.21)

일부 구간은 물길도 조성(09.02.04)

물가에 작은 조각품도 배치(09.02.04)

가로숲이다(09.02.04)

철쭉과 홍가시로 가로녹지가 화장을 하였다(09.04.30)

인도에 중앙녹지도 조성(09.04.30)

가로숲의 녹도(09.04.30)

느티나무 위용(09.04.30)

굴거리나무 위용. 새싹이 돋아나고 있다(09.04.30)

도로 중앙녹지 침엽수는 사계절 차단효과가 있다 (09.04.30)

남쪽은 후쿠시마(福島) 츠나미 피해로 다시 조성(11.02.21)

5. 세타가야(世田谷)구 녹도

토쿄 세타가야구(世田谷區)에 위치한다. 세타가야구 남서쪽에서 키타자와가와(北澤川) 녹도(북쪽)와 카라스야마가와(烏山川)녹도(남쪽)가 합쳐져 메구로가와(目黑川) 녹도로 연결된다. 메구로가와 녹도는 세타가야구를 넘어 동쪽 메구로구(目黑區)로 흘러간다.

키타자와가와(北澤川)는 1920년대는 농업용수로로 사용되는 하천이었으나, 1960년대 이후 도시화로 생활폐수가 흘러들어 1965년 이후 복개하고 상부에 녹도를 조성하였다. 1979년까지 보행안전, 긴급피난처, 자연보호 목적으로 세타가야구는 8개 녹도를 완성하였다. 총 길이 17km인데, 이후 녹도가 노후화되자 깨끗한 물(淸流) 부활사업이 추진되어 1995~2007년에 실개천을 복원하게 되었다고 한다.

키타자와가와 녹도 4,215m, 카라스야마가와 녹도 6,488m, 노미가와(呑川) 녹도 1,091m를 복원한 것이다. 수원은 하수를 응집, 여과처리 및 오존처리(살균, 탈취, 탈색)를 하여 실개천 물로 사용하고 있다고 한다. 건강을 위한 워킹보도가 총 1,320m에 걸쳐 지정되었다. 아울러 후레아이(서로 교류함) 명칭의 수변으로 지정하였다고 한다.

1) 키타자와가와(北澤川) 녹도
2) 메구로가와(目黑川) 녹도
3) 카라스야마가와(烏山川) 녹도

두 녹도 기점은 동일하다(09.05.03)

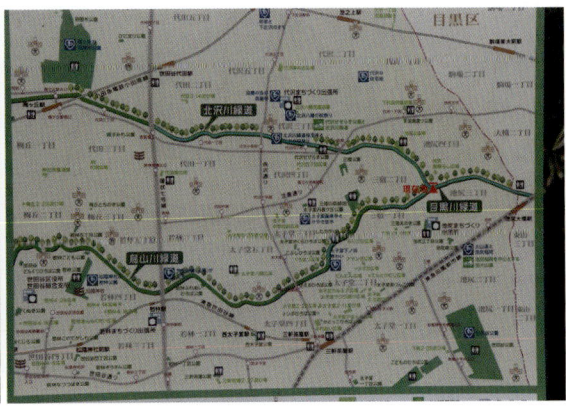
두 녹도는 매쿠로가와(目黑川)로 연결(09.05.03)

수로에 파피루스를 식재(09.05.03)

보라색 꽃창포 마을(09.05.03)

녹도 전장 4,215m, 1965년 하천복개후 녹도조성 (09.05.03)

이끼풀, 고사리를 식재(05.04.23)

벚나무 노거수밑에 철쭉 식재((05.04.23)

수로변에 초화류 식재로 화려해진 모습(05.04.23)

잉어도 볼 수 있다. 물은 하수를 응집, 여과처리하였다
(05.04.23)

주택녹지가 녹도 녹지를 더 풍성하게 한다(06.05.14)

어린이들 미국산 붉은 가재잡기(06.05.14)

1997년 건설성으로부터 데즈쿠리 향토상 수상(06.05.14)

노랑 꽃창포가 눈에 띤다(06.05.14)

조성된지 얼마 안되는 물길(06.05.14)

독특한 메쿠로가와 출발 표지(06.05.14)

메쿠로가와는 이웃 구에 대부분 속해 세토가야구 도면에는 생략됨(06.05.14)

물길변에 식재된 초화류(09.05.03)

잉어가 여유롭다(09.05.03)

아름다운 꽃창포 꽃(09.05.03)

짙은 붉은 꽃 철쭉(05.04.23)

수로주변에 초화류 식재(05.04.23)

흰뺨검둥오리 가족(06.05.14)

돌쌓기가 잘 된 수로(06.05.14)

수로 연장 공사가 진행중이다(05.04.23)

카라스야마(烏山川) 녹도 시작점(05.04.23)

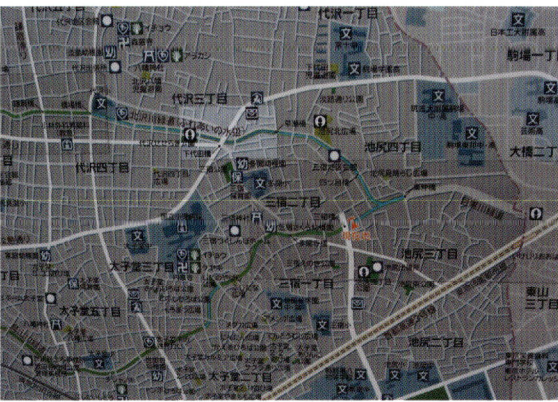
녹도 전장 6,488m(05.04.23)

흰뺨검둥오리 물놀이(09.05.03)

으아리 꽃(09.05.03)

아름다운 화단(09.05.03)

홍가시, 매자나무, 철쭉꽃 붉은 색이 초화를 이룬다 (09.05.03)

물길. 직선이다(09.05.03)

여인상(05.04.23)

인위적인 조성 분위기다. 수로, 돌의자, 홍가시를 잘 활용(09.05.03)

물길을 곡선으로 조성(06.05.14)

벽분수(06.05.14)

으름을 담장식물로 올림(06.05.14)

담장 장식으로 어린이 작품을 활용(06.05.14)

관중 색갈이 곱다(06.05.14).

6. 타마(多摩)뉴타운

타마뉴타운이 위치한 타마(多摩)시는 토쿄 23개구 밖인 서쪽에 위치하는 26개 시중 하나이다. 타마신도시가 개발되기 이전에는 무사시노(武藏野)의 잡목림(雜木林)이었다고 한다. 잡목림에서 정기적으로 장작용 나무나 숯을 굽기 위해 벌채하였단다. 당시 잡목림은 졸참나무, 상수리나무 등 낙엽활엽수가 주수종이었다고 한다.

타마신도시 녹지 역사를 현지 안내소에서 살펴 보았다. 1969년 삼림에서 수목이식 공사 실행, 1970년 뉴타운 공사개시와 아울러 공원, 아동공원, 보행자 전용도로 등에 식재공사, 1971년 일부 지역 입주시작, 산지의 표토 보전공사 시험적 시작, 1973년 대표 수종 및 천연기념물 6주 선정, 1975년 표토이용정책 실시, 1976~1980년 노거수 이식, 1994년 수목활력도 측정, 1995년 벌채된 수목 리사이클과 수림지(樹林地) 관리계획을 수립하였다 한다.

신도시를 계획할 당시 공원, 녹지네트워크 계획을 수립하였다. 타마뉴타운 전체 면적은 2,853.3ha, 주거인구 28만 2천명이며, 공원과 녹지 비율 16.6%, 보행자 전용도로 및 오픈 스페이스까지 합치면 31.8%라고 한다. 인구 1인당 공원녹지 면적은 11.5m²이라고 한다. 지역주민이 걷기에 편안한 유보도는 4km이며 공원과 유보도가 결합되어 있다.

  1) 시로야마(城山) 지구
  2) 타마뉴타운센타 지구
  3) 미나미오사와(南大澤) 지구

1970년에 완성한 뉴타운 녹지다. 산지를 공원으로 활용(04.01.27)

산중에 위치한 공원을 이용하려면 많은 계단을 올라야 한다(04.01.27)

산 절개면에 녹지를 조성(04.01.27)

거의 벽면 녹화 수준으로 철쭉 식재(04.01.27)

물길을 따라 공모양 돌 배치(04.01.27)

가각 화단(04.01.27)

담장위에 앉아 있는 아이가 무엇을 볼까(04.01.27)

식재한 졸참나무들(04.01.27)

전철역에서 중앙공원으로 가는 보도는 광장임 (04.01.27)

녹나무 가로수 푸르름(17.05.21)

주차장 옥상녹화(17.05.21)

중앙공원에 설치한 조각 작품(17.05.21)

중앙공원 잔디광장(17.05.21)

중앙공원내 도시녹화 식물원(04.01.27)

맹종죽림(17.05.21)

은행나무 가로수(17.05.21)

벚나무 가로수길(17.05.21)

은행나무 가로수(17.05.21)

벚나무 가로수길(17.05.21)

벚나무로 조성된 산책로(17.05.21)

풍나무 잎. 대만이 원산지로 붉게 단풍드는 단풍나무 종류(17.05.21)

튜립나무 가로수 산책로서 나무 키가 크다(17.05.21)

타마 뉴타운 전시관 자료. 센터지구 도면(04.01.28)

센터지구 모형도(04.01.28)

공원, 녹지 네트워크 도면. 공원 및 녹지 비율 16.6%, 산보도 및 오픈스페이스까지 31.8%(04.01.28)

토쿄도립대학(東京都立大學) 입구(04.01.28)

학교내 은행나무 가로수(04.01.28)

캠퍼스에서 후지산이 보인다(04.01.28)

미나미 오사와 3지구는 대형 두녹지가 입지(99.02.03)

졸참-상록활엽수림으로 잔존녹지(99.02.03)

보행로변 녹지가 풍성하다(99.02.03)

느티나무 가로수 보행로(99.02.03)

지하주차장 옥상녹화(04.01.28)

단지내 수로가 정형적 이다(99.02.03)

붉은 벽돌 벽과 낮은 층고로 아담한 경관이다
(99.02.03)

소용돌이 물길(04.01.28)

호수와 배후녹지(99.02.03)

도시녹화 식물원내 백설공주와 난장이들 테마 꽃밭
(99.02.03)

단지내 조각 작품(04.01.28)

도시 녹화에 이용할 수 있는 각종 식물을 전시
(_99.02.03)

자연보전과 택지 개발(04.01.28)

주택단지 뒷산을 남겼다(04.01.28)

진입부 후박나무, 뒤편 느티나무를 식재한 아름다운 산책로(99.02.03)

느티나무 가로수와 수벽(99.02.03)

제3부
치바(千葉), 츠쿠바,
센다이(仙台) 공원녹지

제3부 치바(千葉)시, 츠쿠바시, 센다이(仙台)시 공원녹지

1. 치바(千葉) 아오바(靑葉)삼림공원(森林公園)

치바(千葉)현 치바시에 위치한다. 치바현립(千葉縣立)공원이다. 현장 해설판에 의하면 공원연혁은 다음과 같다.

1906년 치바현에 국립종축장을 계획, 1917년6월 국가축산시험장을 개원하였고, 75ha부지를 치바현이 국가에 무상으로 제공하게 된다. 이 시험장은 60년 동안 축산연구에 공헌을 하고, 1980년 이바라키현 츠크바시 학원도시로 이전하게 된다.

이전 부지 중 52ha 부지에 녹의 보전과 도시 방재림을 1982년부터 조성하여 1996년에 완성하게 된다. 문화존에 생태원을 포함한 중앙박물관이 입지하고, 아울러 자연존, 레크레이션과 스포츠존으로 나누어 조성하였다.

생태원(生態園;Ecology Park)은 보소(房總)지방의 자연을 재현한 것이라 한다. 식물군락은 미나미소(南總)의 자연으로 후박나무림, 붉가시나무림, 구실잣밤나무림, 소나무림, 개서어나무-졸참나무림, 키타소(北總)자연으로 가시나무림, 왕대나무림을 조성하고, 이외에 야조관찰원, 해안식생림 등을 조성하였다고 설명하고 있다.

특히 상록활엽수림 중 붉가시나무-구실잣밤나무림은 치바현 남쪽 해안에 위치한 카모가와(鴨川)시에서 일부 지역 토양, 나무. 풀을 이식하였다고 한다. 1988년 7월 26일 토양 이식, 1988년 9월 30일 수목을 이식하였단다. 군락이식(群落移植)을 시행한 것이다. 식물생태계를 통째로 옮긴 일로, 당시로서는 정말 굉장한 시도이었다.

1996년 개원. 면적 52ha. 문화존, 레크레이션존, 스포츠존 나뉨(17.11.24)

단풍 든 풍나무(17.11.26)

문화존에 속한 생태원(Ecology Park) 정문(17.11.26)

생태원은 식물군락권과 야생조류 관찰권으로 나뉨 (17.11.26)

96년 모습. 식재한 후 8년이 지났고, 초지지역이어서 억새 보임(96.04.23)

88년 치바(千葉) 카모가와(鴨川)의 붉가시-구실잣밤나무 림 이식(17.11.26)

숲이식후 30년이 지나자 구실잣밤나무 치수들이 자라 남(17.11.26)

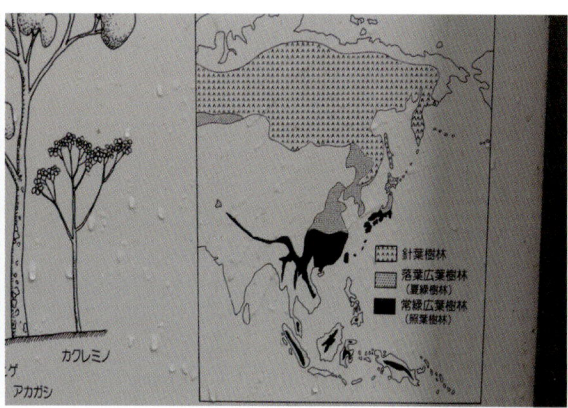
동아시아 상록활엽수림 분포도. 우리나라는 낙엽활엽수림 대(17.11.26)

삼림 이식순서. 토양, 교목, 아교목과 초본식생 순으로 옮김(17.11.26)

96년 가시나무류와 해송식재지 모습. 현재는 해송은 사라짐(96.04.23)

식재후 8년이 지났지만 밀도가 매우 높아 복잡하다 (96.04.23)

관목층 수목도 이식했지만 식재후 8년이 지나면서 많이 고사(96.04.23)

졸참나무도 많이 식재했지만, 현재는 얼마 남지 않음(96.04.23)

이식한지 30년이 지나자 낙엽활엽수는 거의 사라짐(17.11.26)

생태원에 4종류 가시나무(상록 참나무)가 생육중(17.11.26)

붉가시나무 잎. 거치가 없음(17.11.26)

전나무가 활엽수 틈에서 살아 가기 힘들다. 결국 도태될 것(17.11.26)

가시나무류 식재지역. 관목층 지역은 저절로 자란 나무들이 보충(96.04.23).

상록활엽수 치수들이 자라고 있어, 결국 이들 숲이 될 것이다(17.11.26)

토양이 건조, 척박한 곳에 자라는 소나무는 생육곤란함(17.11.26)

1971년 촬영한 소나무림이 감소하고 있다(09.11.26)

제3부 치바(千葉), 츠쿠바, 센다이(仙台) 공원녹지 | 183

71년은 소나무림이었으나 현재는 소나무가 거의 없음
(17.11..26)

곤충서식지로 억새군락을 71년에 조성했다는데...(17.11.26)

억새가 칡, 가중나무 등쌀에 견딜 수 있을까...(17.11.26)

구실잣밤나무 숲(17.11.26)

멀구슬나무가 주위 수목들과 공존공생을 유지하고 있다(17.11.26)

야생조류관찰사에서 많은 사람들이 새들을 관찰하고 있다(17.11.26)

운이 좋아 물총새를 볼 수 있었다(17.11.26)

2. 이바라키(茨城) 츠쿠바시 가로녹지

츠쿠바시는 이바라키(茨城)현에 속한다. 계획된 학원도시이다. 츠쿠바대학을 끼고 있는 학원동오토리(學園東大通り)는 1920년 8월에 도로계획이 결정나고 도로가 조성되었으며, 1955년 일본도로 백선 선정기념비를 세웠다고 현장 해설판이 설명하고 있다. 도로 연장은 15.8km로, 중심부 도로 폭이 50m, 보행전용도로는 양쪽 폭 10m 이상으로 조성되어 있었다.

신도시건설에 의해 도로정비가 이루어져, 1987년 8월에 도로백선에 재지정되었다. 본 도로는 중앙공원과 연계되어 녹지축 연결의 일익을 담당하고 있었다. 가로수는 느티나무, 벚나무가 식재되어 있었고, 적송집단 식재지도 있었다. 붉은 줄기가 통직하고, 수형이 양호한 적송을 심어 적송 숲에 와있는 느낌을 준다.

신도시 전지역에 벚나무를 많이 심어, 꽃피는 절기에 고층에서 내려다 보면, 무릉도원이 이곳임을 느낄 수 있었다.

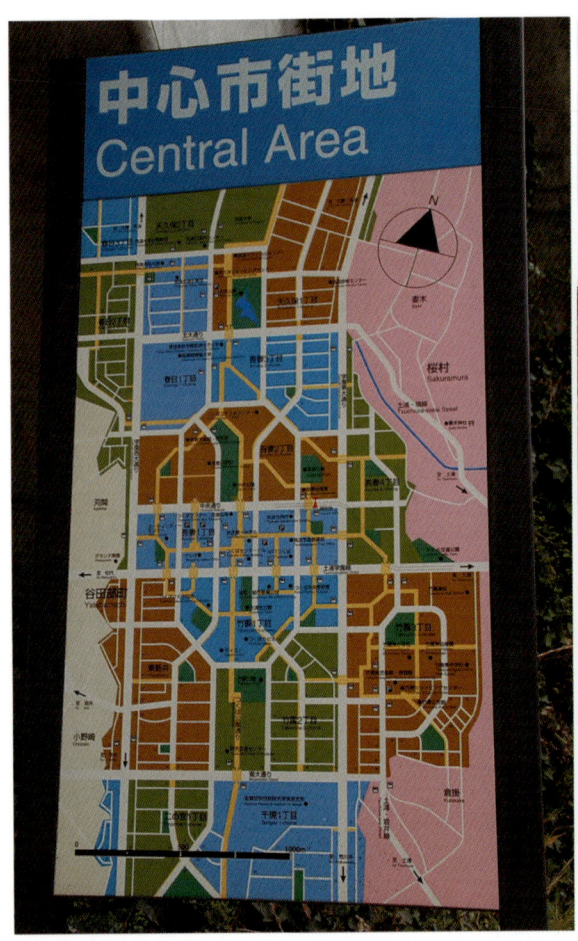

계획도시로 학원중심도시(07.03.31)

도로 1920년 완성. 리뉴얼하여 87.8.10 일본도로 100선에 선정(07.03.31)

느티나무 가로수. 수형이 일정하고 잘 키운 나무 (07.03.31)

그리스신화에 등장하는 나무 조각(07.03.31)

중심부 도로폭 50m(07.03.31)

올빼미와 함께 서 있는 사람(07.03.31)

벚꽃나무 터널(07.03.31)

베코뉴다카 벚꽃은 담홍색(07.03.31)

본 도로는 녹 디자인상, 녹화대상 수상(07.03.31)

자연림에 손색 없는 적송림(07.03.31)

잉어 입이 크기도 하다(07.03.31)

높은 곳에서 바라본 츠쿠바시내. 무릉도원 경관이다 (07.03.31)

벚꽃 파도(07.03.31)

새싹이 돋아나고 있다. 상수리나무, 졸참나무 등이 보인다(07.03.31)

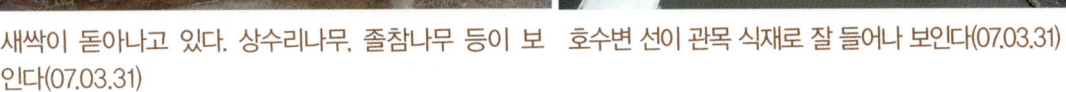
호수변 선이 관목 식재로 잘 들어나 보인다(07.03.31)

면적인 녹지가 징검다리처럼 잘 연결되어 있다 (07.03.31)

튜울립나무 가로수(07.03.31)

소나무 숲(07.03.31)

느티나무가 조각품은 아닐테고…(07.03.31)

홍가시나무 수벽(07.03.31)

3. 센다이(仙台) 느티나무 가로수길

미야기(宮城) 현 센다이시 중심에 위치한 定禪社大通길이다. 도로 중앙에 10m 폭의 느티나무 가로수길이 조성되어 있다. 양쪽 폭 3m의 느티나무 생육지, 중앙에 폭 4m의 보행로가 나 있다. 느티나무 가로길 좌우에 일방통행의 3차선 자동차 길이 있다.

느티나무 가로길은 전장 700m이며, 느티나무 수고는 13~15m('01. 10 현재) . 보행로에는 유명한 이태리 화가 작품을 비롯하여 여러 청동조각품이 자리하여 조각공원이라 하여도 손색이 없다. 본 도로는 1987년 7월에 「手づくり향토상」을 수여받았다. 아울러 아름다운 가로수길 30선에도 선정되어 있다고 한다.

가로수 보호대겸 간이 의자. 가로수 보호대 크기가 1.0x1.5m(01.10.14)

도로 중앙에 느티나무 가로 산책로 조성. 일부 재정비 중(01.10.14)

중앙 산책로에 조각작품들을 설치하여 조각공원을 방불 (01.10.14)

도로 중앙 느티나무들이 대형목. 양 도로까지 합쳐 4렬 가로수길(01.10.14)

청동작품(01.10.14)

청동상과 느티나무(01.10.14)

중간 횡단 도로에서 본 4렬 가로수 길(01.10.14)

청동 조각작품(01.10.14)

재정비된 느티나무 가로수 길. 아름다운 가로수 길 30선에 선정(01.10.14)

재정비된 느티나무 가로수 길. 아름다운 가로수 길 30선에 선정(01.10.14)

느티나무 독립수형(01.10.14)

본 길은 87.7.에 건설성 데즈쿠리 향토상 수상(01.10.14)

중앙과 인도 느타나무가 조화되어 좋은 녹음 제공 (01.10.14)

도로쪽에서 바라본 중앙 느티나무들(01.10.14)

제4부
요코하마(横浜) 공원녹지

제4부 요코하마(橫浜)공원녹지

요코하마(橫浜)시는 시나가와(神奈川)현에 속하며 현청이 입지한다. 토쿄에서 전철이 연결되어 있는 해안도시이다. 요코하마시는 면적 437km², 인구 373만명 이다.

1859년 7월 1일에 요코하마항이 개항되었고, 오늘날에는 일본의 대표적인 국제항만도시이다. 1881년 4월 1일 시(市)제도가 실시되었으며, 당시 면적은 항구를 중심으로 5.4km², 인구 12만 명이었다고 한다.

요코하마시는 서쪽에 해발 157m의 大丸山, 해발 153m의 內海山이 위치하나 시내 중심은 평지에 가깝다. 연평균기온 15.8°C, 8월 평균기온 26.7°C, 1월 평균기온 5.9°C, 평균 강수량 1,688mm이라고 한다.

개항이후 일본인 거류지와 외국인 거류지가 분리되었고, 경계에 세관이 설치되었다고 한다. 1923년 칸토(關東) 대지진 후 복구시 거류지를 분리하였던 니혼오도오리(日本大通り)가 확장되고 야마시다(山下)공원이 조성되었다고 한다.

요코하마시는 시내 중심에도 구릉지가 남아 있어 경사지 녹지를 흔히 볼 수 있다. 지진 등의 재해시에는 위험한 지역이나 평소에는 녹지 확보에 유리한 지역이다. 아울러 시청조직에 농정국 공원녹지부가 편성되어 있어 공원녹지에 관심이 많은 도시라 생각한다.

1. 공원과 녹지

1) 오도오리(大通り)공원

오도오리(大通り)공원은 요코하마시청(橫浜市役所) 서쪽에 위치한 공원이다. 하천을 매립한 지역으로 연장 1.2km, 폭 30~40m, 면적 3.6ha로서 1978년에 완성하였고, 1999~2002년에 재정비한 지역이라 한다. 들은 이야기로는 본래 고속도로 건설용지였는데 시민들 반대로 도로대신 공원이 조성되었다고 한다.

오도오리공원은 돌의 광장(石の廣場), 물의 광장(水の廣場), 녹의 광장(綠の廣場) 3개 존으로 구성되어 있었다. 물의 광장 스테이지에서 이벤트를 진행한다. 물의 광

장은 분수와 캐널, 녹의 광장은 수목이 풍성하게 식재되어 있다. 아울러 여러 곳에 세계적인 작가들 조각품이 설치되어 있다.

요코하마 시청 남동쪽 길건너에 위치. 78년 완성. 전장 1.2km, 폭 40m, 면적 3.6ha(04.01.30)

돌, 물, 녹 광장으로 나뉜다(17.05.16)

돌 광장 입구(06.02.10)

물 광장 입구(09.05.05)

물길을 정형적인 수법으로 조성(17.05.16)

바다에 돌섬이 떠 있다(06.02.10)

녹 광장 조각 작품(17.05.16)

지하철역 입구에 세운 조각 작품(17.05.16)

녹나무(17.05.16)

장미 품종명 Love(17.05.16)

장미 품종명 Victor Hugo(17.05.16)

장미 품종명 Charles de Gaulle(17.05.16)

장미 품종명 Loura(17.05.16)

요란한 청동상(17.05.16)

추상적인 조각 작품(17.05.16)

녹나무 마을(17.05.16)

2) 요코하마(橫浜)공원

　현장 해설판에 의하면, 1866년 11월 요코하마 대화재로 개항장소의 3분의 1이 소실되었다. 재건사업 중 하나로 외국인과 일본인이 함께 휴식할 수 있는 공원설계를 영국기사 R. H. Brunton이 하고 시나가와현에서 공사를 담당하여 1876년 2월에 히카공원(彼我公園)이 완성되었다고 한다. 1876년에 공원관리가 시니가와현으로 넘어가면서 야구, 소프트볼, 럭비 등의 스포츠활동이 시작되었다고 한다.

　1899년 외국인 거류지가 폐지되자 1909년 공원관리가 요코하마시로 이관되고, 야구장있던 곳에 회유식 원로와 일본정원으로 정비하였다고 한다. 1923년 9월 11

일 칸토 대지진피해로 1928년 재해복구 때 그라운드, 체육관, 음악당 등을 조성하고, 공원 남쪽에 5천 평 규모의 철근콘크리트 스타디움을 1929년에 완성하여 현재까지 사용하고 있단다. 수용규모 인원은 13,800명이다.

요코하마공원은 일본 최초의 서양공원으로 1876년 히카공원(彼我公園)을 개원하였고, 1978년 요코하마 스타디움 재정비와 함께 재정비되었다고 한다.

일본전국도시녹화페스티발(2017.3.25~6.4) 대회명칭이 「Garden Necklace Yokohama 2017」로 요코하마공원(横浜公園)-니혼오도오리(日本大通り)-조노하나파크(象の鼻Park)-야마시다공원(山下公園)-항구가 보이는 언덕공원(港の見える丘公園)을 연결하여 열렸다. 상세한 내용은 1권의 일본의 꽃테마가든에서 소개하였다.

2017년 개최된 Garden Necklace Yokohama는 5개 장소가 연계되어 열렸다(17.05.17)

Garden Necklace 행사장 입구와 마스코트(17.05.17)

녹나무 가로수와 화단(09.05.04)

요코하마 공원 휴게장소((09.05.04)0

백합 꽃길(17.05.17)

구실잣밤나무 신록(17.05.16)

작품 제목 마음의 형상(心の像)_(06.02.07)

리뉴얼된 히카(彼我)정원 정문(17.05.16)

히카정원 치센(池泉)(17.05.16)

3) 니혼오도오리(日本大通り)

　현장설명문에 의하면, 요코하마시는 1859년 개항당시 100호가 모여 사는 반농촌 반어촌마을 이었다고 한다. 1866년 요코하마 대화재를 복구하면서 일본인 거류지와 외국인 거류지를 구분하기 위하여 니혼오도오리를 건설하고 통관사무소까지 설치하였다고 한다.

　2009년은 요코하마 개항 150주년으로 기념플라워페스티발을 2009년 5월2일부터 5월4일까지 3일 동안 니혼오도오리에서 자동차 통행을 막고, 아스팔트도로위에 21장면의 꽃그림을 제작하였다. 요코하마 시민 1,800명이 모여 장미 18만 송이, 튤립 6만 송이의 꽃잎을 사용하여 거대한 꽃그림을 제작한 것이다.

　그림 주제는 개항당시의 외국인 풍속, 당시 항구 풍경, 요코하마 재판소, 시계, 서양풍 건축물, 철도, 마차 등이었는데, 필자도 운좋게 이곳을 찾았었다(09.05.03). 아스팔트 꽃그림은 높은 곳에서 보아야 되는데, 임시전망대가 한 곳 뿐이어서 너무 번잡하여 오르지 못하고 평지에서 사진을 찍어 무척 아쉬었다. 2017년도 Garden Necklace는 인도에서 열렸다.

니본 오도리는 개항당시 일본인과 외국인 거류지 경계선이었다함. 은행나무 가로수(06.02.07)

요코하마 개항 150주년 기념행사로 도로를 막고 후라워훼스티발 행사 개최(09.05.04)

훼스티발은 09.5.2~5.4까지로 장미 18만송이, 튜립 6만송이 꽃잎 사용(09.05.04)

행사장 전면에서 바라본 꽃잎 축제(09.05.04)

작품 B3으로 꽃회화 디자인작품 당선작 開港인데 서양제독을 그림(09.05.04)

작품 B4로 작품명 디지니 동료들(09.05.04)

B3 후라워 작품(09.05.04)

B4 후라워 작품(09.05.04)

작품 C2로 작품명 꽃과바다(09.05.04)

작품 C5로 작품명 후라워로드 요코하마_(09.05.04)

C2 후라워 작품(09.05.04)

C5 후라워 작품(09.05.04)

Garden Necklace Yokohama 행사때는 인도에 장미원 조성(09.05.04)

덩굴장미원(17.05.16)

4) 야마시다(山下)공원

1923년 칸토대지진 이후 복구과정에서 1930년 일본 최초의 임해(臨海)공원으로 탄생하였다 한다. 중앙 분수광장과 서쪽 잔디광장이 개원 당시 모습이란다. 1965년 문화인들의 반대에도 불구하고 공원 내 고가철도선이 개통되었으나, 이후 화물량 감소로 1986년 철도선 영업이 중단되고, 2000년 고가구조물의 철거, 공원이 재정비되었다고 한다. 1960년대에 20년 후 닥쳐올 자동차시대를 예측하지 못하였던 것이다.

2017년 Garden Necklace 행사 때 이지역은 화려한 Rose Garden 지역이었다.

물의 신(04.01.30)

야마시다 공원에서 항구에 정박중인 배가 보인다 (04.01.30)

공원 동쪽 끝 물길(04.01.30)

공원 동쪽 끝 줄장미 터널(04.01.30)

동쪽 끝에서 바라본 야마시다공원 Garden Necklace 행사장(17.05.16)

공원 동쪽 계단과 물길(17.05.16)

물의 신 지역을 포함한 공원 전체에 조성한 장미원
(17.05.16)

꽃밭(17.05.16)

덩굴 장미 흰꽃(17.05.16)

녹나무길(17.05.16)

5) 카나자와(金澤) 완충녹지

카나자와 완충녹지는 요코하마시 남쪽인 카나자와구(金澤區)에 위치한다. 1977년 카나자와 매립이 끝나고 개발되면서 1982년 12월 공업시역과 주택지역사이에 조성한 숲이다. 현장설명문에 의하면 녹지폭 30~60m, 연장 4km, 성토높이 4.5~6.5m로 총면적 15ha라고 한다. 공장지대는 경사를 급하게, 주택지역은 경사를 완만하게 한 후 녹지에 산책로(폭 1.5~3.0m)를 길이 3.3km에 걸쳐 조성하였다.

식재계획은 요코하마시 농정국 공원녹지부에서 담당하였다. 공장지대측에는 염해와 공해에 강한 상록활엽수, 즉 후박나무, 소귀나무, 녹나무, 아왜나무, 황칠나무, 동백나무, 우묵사스레피나무, 돈나무 등을 식재하였다. 주택단지측에는 꽃피는 나무, 새가 좋아하는 열매를 맺는 나무, 즉 목련, 산딸나무, 느티나무, 벚나무, 철쭉, 애기동백 등을 심어 사람과 야생조류가 함께 즐기는 공간으로 조성한 것이다.

녹지면적은 53,560m² 교목 2,150주, 아교목 6,668주, 관목 49,656주가 심겨 있다고 한다.

82년 공업단지와 주택단지 사이에 조성(04.01.25)

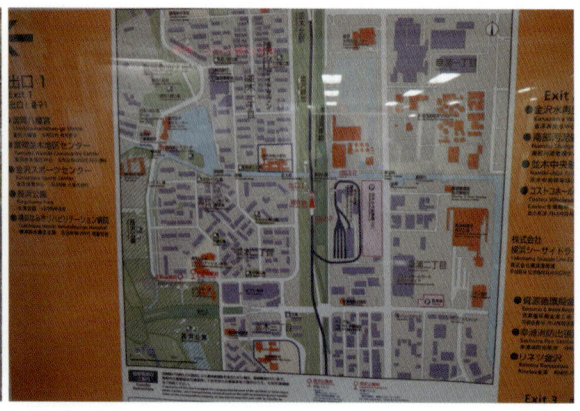

연장 4km, 성토 높이 4.5~6.5m, 총면적 15ha(15.04.16)

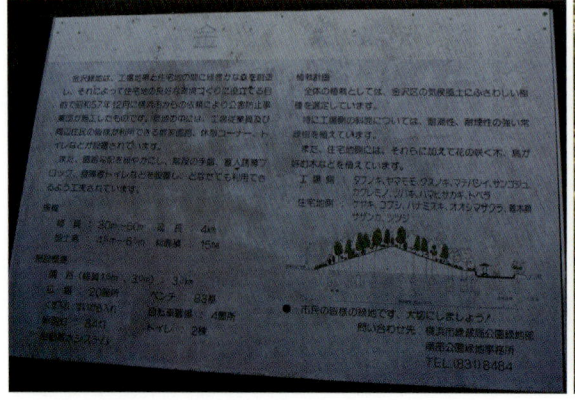

공장쪽 염분과 대기오염에 강한 수종, 주택쪽 꽃피는 수목 많이 식재(04.01.25)

공장측 상록활엽수림(06.02.09)

성토 단면(06.02.09)

주택단지측 식재 상황(15.04.16)

주택단지쪽 녹지에 길이 3.3km 산책로가 조성됨
(06.02.09)

버드 배스(Bird Bath), 새들 물을 마시거나 목욕하는 장소
(04.01.25)

이곳을 찾는 야생조류들(04.01.25)

산책로(06.02.09)

주택단지측 휴게장소(06.02.09)

먼나무 예쁜 열매(06.02.09)

상록활엽수들 영역분리가 나타나기 시작. 안정상태로 접어 들었음(15.04.16)

숲조성 30년이 지나자 어린 상록활엽수들이 자라기 시작(15.04.16)

팔손이 생활력이 가장 좋은 모양(04.01.26))

동백종류인 산다화 꽃이 피었다(15.04.16)

6) 코호쿠(港北)뉴타운

요코하마시 북서쪽에 위치한 코호쿠(港北)구에 위치한 신주택단지다. 1980년 코호쿠뉴타운 입주가 시작되었다고 한다. 하천 남북에 자리를 잡았다. 뉴타운 녹지네트워크가 잘 형성되어 있고, 네트워크를 실개천이 연결시키고 있어 흥미로웠다. 본 지역에서는 그린네트워크를 그린매트릭스체계(Green Matrix System)라고 명명하고 있었다.

안내소의 그린매티릭스 시스템 도면에 의하면 하천 북쪽과 남쪽이 별개로 그린매트릭스가 형성되어 있었다. 계곡은 원형으로 보전, 복원하여 계곡 폭 100m를 녹지경역(綠地景域)으로 설정하여 이용과 보전을 꾀하고 있었다. 계곡 폭 100m 중 실개울을 포함하여 녹도 폭이 10~40m, 나머지 양사면 녹지는 보전녹지로 지정, 관리하고 있었다. 녹도 길이가 15km라고 하였다.

코호쿠뉴타운 공원은 총합공원 1개소, 지구공원 4개소, 근린공원 8개소, 어린이 공원 65개소이며 공원면적 50%가 수림보전지구라고 한다. 물과 녹의조화를 중요시 여기며 녹지는 雜木林을 근간으로 한다고 하였다. 생물상보호구 3개소에 대해서는 이용을 제한한다고 한다. 필자가 답사한 지역은 강남쪽으로 국한하였다.

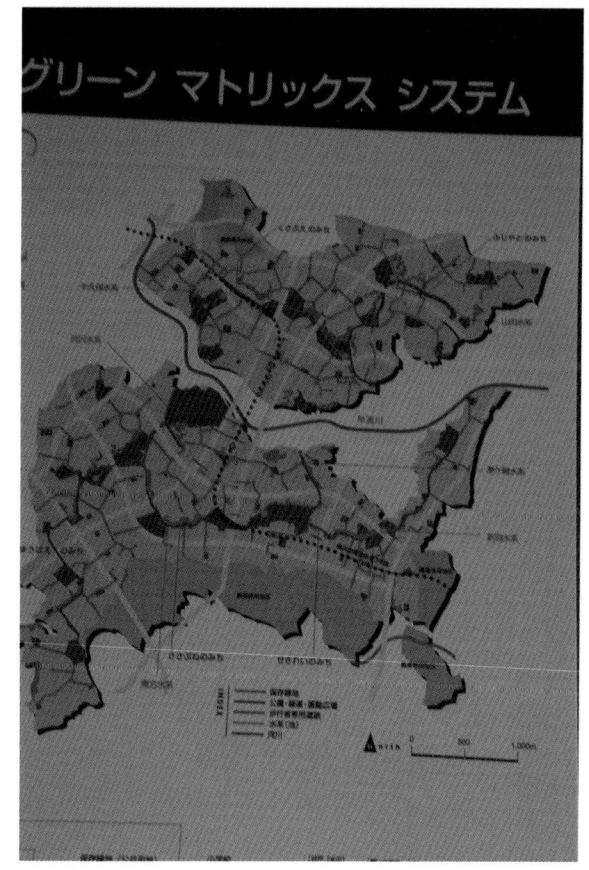

1980년 완성한 주택단지. 녹지를 그린매트릭스 시스템으로 조성(06.02.08)

 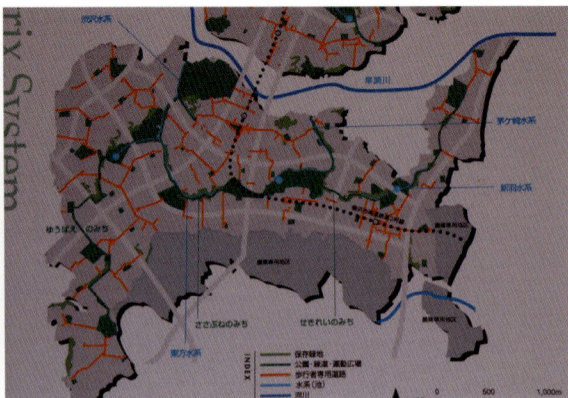

강을 끼고 북측과 남측 단지로 나뉨. 북단지 녹지네트워크(06.02.08)   남측 그린매트릭스 시스템(06.02.08)

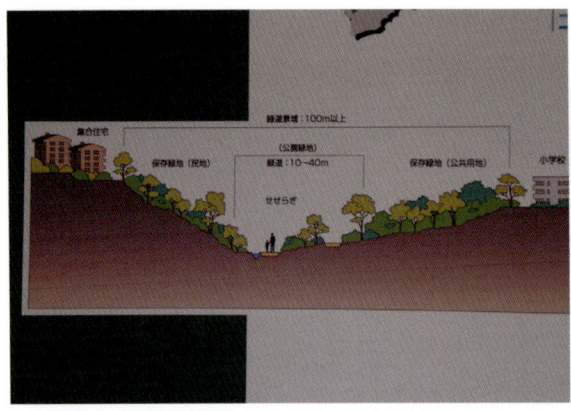 

계곡 자연보존 개념도. 폭 100m, 경사녹지 보호. 녹도 길이 15km(06.02.08)   그린매트릭스에서는 공원이 핵심(06.02.07)

근린공원(06.02.07)   상록활엽수림 녹도(06.02.07)

그린매트릭스 시스템은 녹도로 현장에서 걸을 수 있다 (06.02.07)

졸참나무 위주인 잡목림이 보전됨(06.02.07)

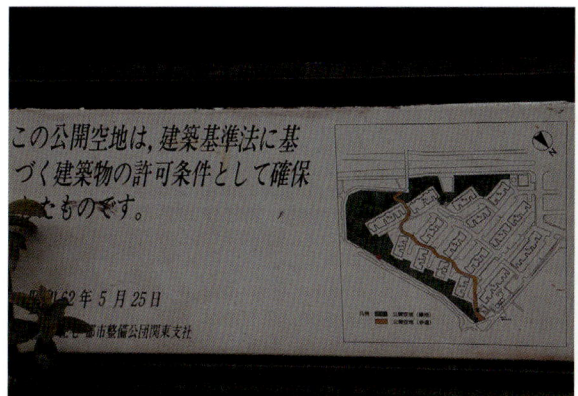

공개공지도 녹지체계에 편입(06.02.07)

녹지체계 일부인 습지공원(06.02.07)

녹지보전지구인 맹종죽림(06.02.07)

생물서식처로 중요한 호수(06.02.07)

잔존녹지인 소나무림(06.02.07)

세세라기(실개울)공원 표석(06.02.07)

세세라기공원은 호수가 중요한 역할을 함(06.02.07)

세세라기공원 입구(06.02.07)

해오라기, 백로, 오리류 등이 호수에 모여 있다 (06.02.07)

다리밑으로 녹지체계 핵심인 물길이 통과하고 있다 (06.02.07)

녹지체계 연결은 녹도와 계속된다(06.02.07)

녹도중 실개울은 계속된다(06.02.07)

다리밑으로 연결되는 아담한 물길(06.02.07)

경사지 녹지에 수목을 보완하여 보전한다(06.02.08)

계곡녹지 중앙에 물길을 조성, 계속연결하고 있다
(06.02.08)

7) 조이나스백화점 옥상조경

요코하마 기차역 서쪽에 위치한 조이나스백화점 옥상에 조성되어 있는 정원이다. 백화점 내방객이 이곳을 찾아 휴식할 수 있다. 1978년에 준공되었고 수목식재와 조각품 설치가 함께 되어 있다. 조각공원에 더 가깝다.

교목으로 후박나무, 소귀나무, 녹나무, 매화오리나무, 노각나무, 오구나무 등이 전정되어 있어 나무마다 모습은 비슷하였다. 관목은 철쭉류를 식재하였고 전정을 하여 가지런하였다. 조각품은 청동제품으로 사람형상과 땅에 앉아 있는 비둘기도 있었다.

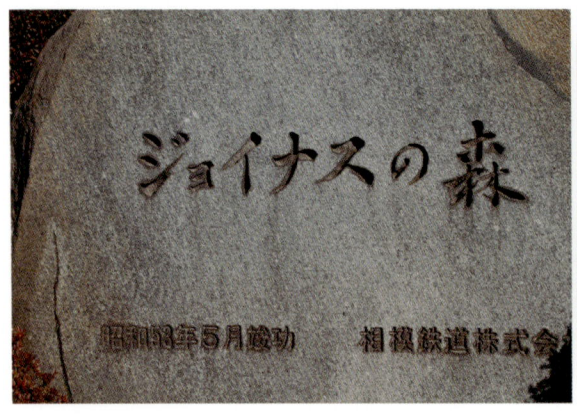

98년에 준공된 죠이나스 숲(06.02.09)

옥상에 수목식재를 하여 교목은 지지대를 설치(06.02.09)

여인이 쳐다 보는 것은...(06.02.09)

상록활엽수들을 배후에 식재하고 여러 조각상을 배치 (06.02.09)

후박나무와 철쭉 조화(06.02.09)

앉아 있는 여인(06.02.09)

여안상(06.02.09)

녹나무 동네(06.02.09)

비둘기들이 모여 있다(06.02.09)

후박나무도 계속 관리하고 있다(06.02.09)

여인이 편안한 자세로 바라보고 있다(06.02.09)

여인상(06.02.09)

2. 가로녹지

1) 바샤미치(馬車道)

　1867년에 개설되어 근대 가로수 발상지라고 한다. 보도와 차도를 리뉴얼하여 보도를 녹지와 휴게의자. 조각품을 배치하였다. 이 지역은 시나가와(神奈川)현 전기발상지이기도 하다. 1890년 10월 화력발전소 건설로 전기가 공급되었다고 하며 당시 발전소 규모는 100키로 와트로 7백 가구가 전기를 사용하였다고 한다.

　자동차도로 포장면은 보수성을 갖게 시공하여 더운 날 기화열에 의해 온도저하를 유도하였다. 보도도 보수기능이 있는 보도블럭으로 시공하여 도시열섬화(都心熱島化)를 조금이라도 낮추려는 시도를 하였다. 의미있는 사례이지만 2009년 이후 이런 사례지역을 다른 지역에서 찾아 볼 수가 없었다. 기후온난화 이야기는 하지만 과소비를 줄이자면 경기후퇴와 연관시키니 지구온난화에 의한 인류피해는 막을 수가 없는 것일까...

바샤도(馬車道) 로고(09.05.04)

시나가와(神奈川)현 전기발상지. 1890년 화력으로 7백가구 사용(09.05.04)

근대화된 가로수 발상지로, 1867년에 개설(06.02.07)

마샤도 전경(09.05.04)

리뉴얼한 마샤도, 느티나무(09.05.04)

마샤도 깃발(09.05.04)

가로에 휴게의자 설치(09.05.04)

담화중인 두 소녀(06.02.07)

느티나무 가로수(09.05.04)

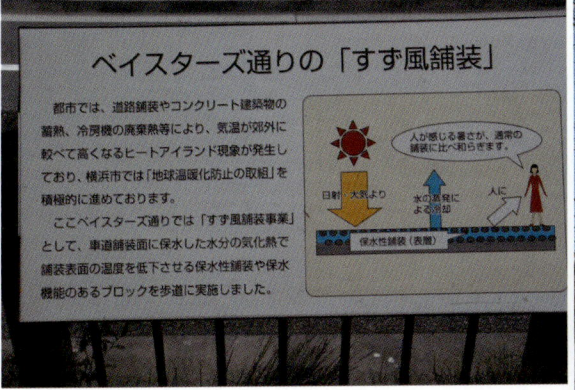
도심열섬화를 억지하기 위해 포장표면 보수성을 높임
(09.05.04)

하단부가 보수성을 높인 부문(09.05.04)

개항당시(1866년) 가로등 재현(09.05.04)

제5부
나고야(名古屋)공원녹지

제5부 나고야(名古屋)시 공원녹지

1. 나고야성(名古屋城)

　1610~1612년에 완성된 성으로 메이지(明治)시대(1868~1912)에는 육군성 소관이었다가 1893년 궁내성(宮內省)으로 이관하였다. 1930년 나고야시에 이관하여 1931년부터 공개하였다. 1945년5월 공습으로 파괴되었다가 1959년 재건립되었다고 한다.

나고야성 인근 느티나무 가로수. 수관이 원형대로 보전되었다(05.04.03)

나고야성은 해자와 함께 나고야시 녹지로 중요한 역활을 한다(05.04.03)

성벽위 느티나무들(05.04.03)

유적은 항상 공사중(05.04.03)

성내 수목들은 대부분 거목(05.04.03)

매화원. 꽃이 피었다(05.04.03)

해송동네. 노거수이다(05.04.03)

카레산스이(枯山水)정원 일부. 입석과 돌다리(05.04.03)

돌다리가 인상적이다(05.04.03)

계류를 자갈로 깔았다(05.04.03)

거대한 녹나무(05.04.03)

치센(池泉)을 메꾼 흔적이라 한다(05.04.03)

자연수형 벚나무(05.04.03)

푸른색 지붕 천수각(天守閣)(05.04.03)

해송과 단풍나무 원로(05.04.03)

겹동백꽃(05.04.03)

2. 메이죠공원(名城公園)

　나고야성 서쪽 넓은 녹지가 메이죠공원(名城公園)으로 지정되어 있다. 나고야성 해자를 공유하고 있다. 현재 아이치현청과 나고야시청 부지 등이 모두 나고야성에 속하였던 모양이다. 녹지가 넓은 모든 지역이 메이죠공원으로 지정, 관리되고 있었다.

　메이죠공원 거목은 느티나무, 졸참나무, 상수리나무, 벚나무, 녹나무들이었다. 특히 독립수로 자라고 있는 느티나무 수형이 아름다웠다. 본 공원의 특징은 등나무 시렁길을 길게 설치하고 많은 등나무 품종들을 식재한 것이다. 여러 품종 중 필자가 방문하였을 때(18.04.07) 등나무 개화시기(보통 5월말~6월 중순)보다 이른 시기였는데 3개 품종 꽃을 볼 수 있었다. 보라색, 흰색, 핑크색 꽃으로 美短藤이라는 품종이었다.

메이조(名城)공원 명패(18.04.07)

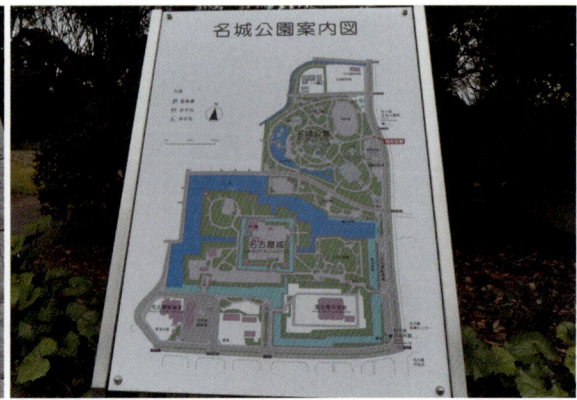

메이조공원(상)과 나고야성(하) 안내도. 양쪽 모두 수면이 넓다(18.04.07)

공원입구 조각품. 제목 百合의 詩(18.04.07)

축산 사면 꽃밭(18.04.07)

돌로 쌓은 물길(18.04.07)

느티나무들 영역이 점차 나뉘어 가는 중이다(18.04.07)

느티나무 새순이 나오고 있다(05.04.03)

느티나무 가로수길(18.04.07)

나고야성 천수각(18.04.07)

졸참나무와 상수리나무 혼효림(18.04.07)

등나무 회랑으로 여러 품종이 자라고 있다(18.04.07)

보라색꽃 등나무(紫花美短藤)(18.04.07)

흰색꽃 등나무(白花美短藤)(18.04.07)

핑크색꽃 등나무(曙花美短藤)(18.04.07)

능수버들의 하늘거리는 봄모습(18.04.07)

해자와 성벽 그리고 성내 건물(05.04.03)

물길은 거울 정원(05.04.03)

성벽위의 대나무 숲(05.04.03)

상수리나무, 졸참나무, 능수벚나무의 조화(18.04.07)

녹나무 묵은 잎은 붉은 색이다(18.04.07)

해송과 느티나무 숲(18.04.07)

상수리나무 숲(18.04.07)

동백나무 꽃이 활짝 피었다(18.04.07)

탱자나무 꽃(18.04.07)

느티나무 신록(18.04.07)

느티나무 독립목 수형(18.04.07)

느티나무(왼쪽) 키를 작게하고 여러 가지를 자라게 했다 (18.04.07)

느티나무 가로수(18.04.07)

3. 히사야오도오리(久屋大通り)공원

나고야시의 중심녹지로 규모는 길이 남북방향 1,740m, 폭 70m로 넓이는 약 12ha에 이른다고 한다. 본 공원 북쪽으로 外堀通り에서 남쪽으로는 若宮大通り사이에 조성되어 있는데, 양 도로는 교각도로이다.

히사야오도오리공원은 나고야 TV타워 북쪽은 녹지가 풍부하게 조성되어 있으며 대부분이 지하가 개발되지 않은 자연상태에 가깝게 생각되었다. 북쪽부터 시드니 파크(Sydney Park), 리버파크(River Park), 이코이광장(휴식광장), 로스엔젤레스

프라자로서 특성에 맞게 조성되어 있었다. 그리고 나고야 자매결연도시인 시드니, 중국 南京, 멕시코, 로스엔젤레스의 헐리우드 등의 특성적인 모형과 시설물이 설치되어 있었다.

나고야 TV타워 남쪽에 센트럴 파크(Central Park)가 있는데 지하상가 명칭으로 공원과는 상관이 없다. 타워 남쪽으로는 지하에 상가, 주차장 등이 조성되어 있고, 상부에는 축제 등을 열 수 있는 오픈스페이스가 시민들에 열려 있었다. 타워 남동쪽에 Oasis 21이라는 건축물이 서 있다. 지상 2층에 우주선 모양 대형 수조가 있어 물을 항상 머리에 이고 있는 형상이다. 대형 구조물로 수량이 많아 여름에 도심의 온도를 낮추는데 큰 역할을 할 것이다. 지상부는 광장으로 벚나무, 느티나무, 단풍나무 밑에 라벤다를 심어 보호책 겸 의자로서, 앉으면 라벤다 꽃향기를 맡을 수 있었다. 이 건물 지하는 버스터미널이었다.

아이치(愛知)현청, 나고야시청 등 관청가로숲이다 (05.04.03)

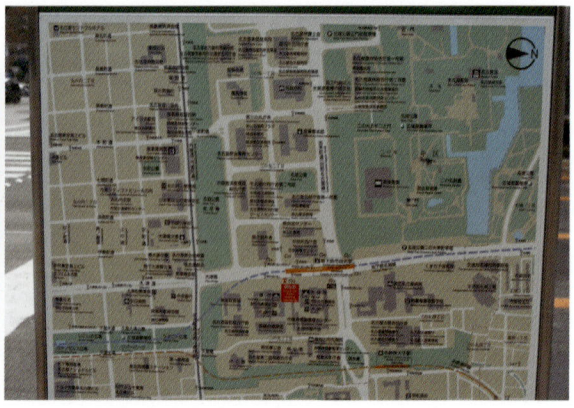
관청지역은 옛 나고야성 부지로 현재도 녹지가 풍성하다(05.04.03)

아이치현청 전정 녹지(05.04.03)

현청앞 느티나무 가로수(18.04.07)

관청가 남쪽 완충녹지(18.04.07)

완충녹지와 히사야오도리공원을 고가도로가 나눈다 (18.04.07)

시드니 공원 조각품. 떡메일까(18.04.07)

호주원산 아카시아나무 노랑꽃. 밑원식물(18.04.07)

느티나무와 녹나무 수관(18.04.07)

리버파크 표석(18.04.07)

리버파크 물길. 수면이 거울(18.04.07)

느티나무 가로길에 TV타워가 보인다(18.04.07)

우호도시 멕시코시티 상징 조각품(18.04.07)

중국 양나라(梁代, 502~577) 화표(華表) 모방 설계. 남경시 기증(18.04.07)

우호도시 로스엔젤레스 광장. 헐리우드거리를 재현 (18.04.07)

헐리우드(Hollywood) 동판거리를 재현(18.04.07)

나고야시와 로스엔젤레스시는 자매우호도시. 1959.4.1 결연(18.04.07)

TV타워. 높이 100m로 90m까지 엘레베이터로 오를 수 있음(18.04.07)

꽃시계와 녹나무 신록(18.04.07)

TV타워에서 바라본 히사야오도리공원 북쪽. 느티나무, 녹나무 숲(18.04.07)

북쪽 고가도로부터 공원이 시작, 느티나무-녹나무 숲 (18.04.07)

북쪽으로 나고야성이 보인다(18.04.07)

현청, 시청인근 대형녹지는 메이조(名城)공원으로 지정, 관리(18.04.07)

로스엔젤레스 광장 못이 보인다(18.04.07)

남쪽은 양단에 대형 수목이 있고 지하 상가와 주차장, 상부 광장(18.04.07)

공원 동쪽 오아시스 21 건축물. 2층 옥상은 물의 광장 (18.04.07)

타워 남쪽 센트럴파크라는 지하상가. 상부는 포장석 광장 (18.04.07)

타워~센트럴파크 상가사이에는 물길이 조성됨
(18.04.07)

물소리가 여러 소음을 잠재웠다(18.04.07)

센트럴파크 상가 광장(18.04.07)

센트럴파크 상가 지상부와 TV타워(18.04.07)

희망의 샘(18.04.07)

오아시스 21. 비스듬한 타원형체로 1층 광장, 2층 물의 광장(18.04.07)

1층광장은 잔디밭 위주로 여유로운 장소(18.04.07)

단풍나무밑에 라벤다를 심어, 앉으면 향기를 맡을 수 있다 (18.04.07)

옥상 물의 광장은 도심열섬화현상을 어느 정도 완화할 것이다(18.04.07)

사랑의 광장 조각품(18.04.07)

광장에서 베트남 날 행사를 하고 있다(18.04.07)

분수를 느티나무가 에워 싸고 있다(18.04.07)

공원을 도로 교각이 마감한다(18.04.07)

의자에서 휴식하고 있는 모녀상(18.04.07)

4. 아이치(愛知)박람회장

2005년 3월 25일~5월 25일까지 2005년 EXPO가 이이치에서 열렸다. 환경 세기를 맞이하여 친환경 소재인 나무와 대나무로 대부분의 건물과 시설물이 조성되었다. 도시열섬화 방지를 위한 시설물 조성이 눈에 띠었다. 대형건물 벽면 및 옥상녹화, 투수 및 보수성 기능을 가진 소재로 시공한 도로와 보도, 목재와 나뭇가지로 만든 놀이시설, 목재통의 정수시설, 대나무 벽과 울타리, 대나무로 지은 대형 돔형 건물, 콘크리트 구조물 없는 정원 등 볼거리가 많았다.

다만 일본정원에서 지나치게 큰 돌을 사용하여 친환경과 맞는 조성일까 하는 의구심이 들었다.

박람회가 아이치현 나카쿠테(長久手)시에서 05.3.25~4.25 개최(05.04.04)

부지안에 여러개 호수가 있음. 호수를 중심으로 시설이 입지(05.04.04)

간축물은 모두 환경친화적 소재인 목재로 만듬 (05.04.04)

도심열섬화방지를 위해 거대한 벽면녹화를 시도 (05.04.04)

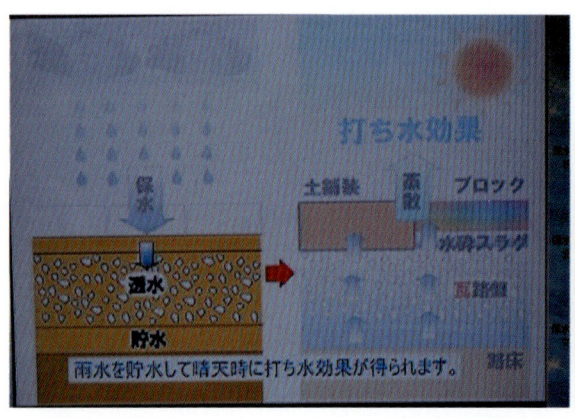
도로에 우수를 저장, 맑은 날 증발시켜 온도 저감을 시도(05.04.04)

놀이시설을 전부 목재로 만듬(05.04.04)

아티스트 가든(05.04.04)

대형 구면체를 대나무로 제작, 담쟁이를 올려 대회기간에 계속 자라게 함(05.04.04)

나무통에 박테리마가 살고 있어 된장냄새를 없앤다 함　대나무로 제작한 돔형 건물(05.04.04)
(05.04.04)

 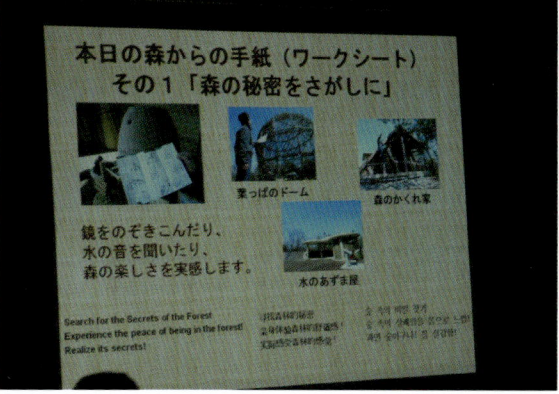

삼림자연학교 각종 프로그램(05.04.04)　　　　　　숲속 비밀 찾기(05.04.04)

Water harp(水琴). 물이 떨어져 내리는 소리가 곱다　진흙 지붕(05.04.04)
(05.04.04)

제5부 나고야(名古屋)공원녹지 | 245

숯 실로폰(05.04.04)

호수변이 곡선으로 부드럽고, 통나무로 공사를 함 (05.04.04)

소용돌이 물길(05.04.04)

정원 치센(池泉) 쓰하마(州浜)에 깔아 놓은 돌(05.04.04)

정원문과 담을 대나무로 만들었다(05.04.04)

치센에 많은 돌 배치. 멀리 흙다리가 보임(05.04.04)

돌배치가 자나치다(05.04.04)

목재 건축물(05.04.04)

한국관 모습이 곱다(05.04.04)

한국관 내부에서 묵화를 첨단기술로 재현하였다 (05.04.04)

제6부
오사카(大阪) 공원녹지

제6부 오사카(大阪) 공원녹지

　오사카후(大阪府)는 면적 1,905km², 인구는 883만 명이다(2017.10.1 기준). 오사카후는 광역시로 33개시, 11개 마치, 무라(町,村)로 구성되어 48개 자치체가 속해 있다. 인구 10만 명 이상의 도시가 22개시라고 한다.

　오사카시(大阪市)는 면적 225km² 인구는 271만 명이며, 24개 구로 구성되어 있다(2015년 현재 기준). 1889년 오사카시(大阪市)제도가 시작되었으며 당시는 면적 15.27km², 인구 46만 명이었다고 한다. 오사카시 평균 해발고는 20m, 열대야지수 37.4일(일본에서 3위), 8월 평균온도 28.8℃, 1월 평균온도 6.0℃, 연평균 강수량 1,277mm이라고 한다.

　오사카시는 서일본 중심도시로 낮 인구 360만명, 밤 인구 260만 명으로 낮에 많은 사람들이 몰려든다. 시가지는 평탄하고 오사카성과 나가이(長居)공원만 약간 고지대이어서 이지역만 제외하고, 거의 모든 지역이 콘크리트로 덮여 있는데 동서 15km, 남북 15km 정도이다.

　5~6천 년 전부터 오사카지역은 요도가와(淀川) 범람에 의한 퇴적으로 형성되었으며 간척지대는 아니라고 한다. 7백 년 전부터 본격적으로 농경지가 조성되기 시작하였다고 한다. 타이쇼구(大正區)는 인공적으로 조성된 토지인데 쓰레기로 섬을 만든 것이 발판이 되었다고 한다. 오사카지역은 상업이 6~7백 년 전부터 시작된 상업도시로 정원을 조성하지 않아 녹지가 거의 없어 녹지 0%부터 출발하였다 한다. 오사카 녹지상황을 2007년 2월 3일 오사카시청 공원녹지부 직원에게서 직접들을 수 있었다. 그 후 나가이공원 꽃과 녹의 정보센타에서 구체적인 정보를 얻을 수 있었다.

　녹지조성 역사를 살펴 보면, 1926년 오사카중심지인 미도스지(御堂筋)에 은행나무 가로수식재, 1926년 도시녹화 캠페인, 1964년 녹화 백년계획 선언, 1987년 오사카시 꽃으로 벚꽃과 팬지 결정, 1990년 국제 꽃과 녹의 박람회 개최, 2000년 녹의 기본계획책정을 하였다고 한다.

녹의 기본계획에서 기본방침은 ①안전, 쾌적한 도시생활을 유지하는 녹의 기반 조성 ②오사카다움을 창출하는 녹의 풍경 조성 ③활기찬 도시를 창출하는 녹의 거점 조성 ④사람과 자연의 친숙한 녹의 네트워크 조성이었다. 시책으로 ①다양한 도시공원 조성 ②녹의 방재공간 조성 ③녹의 리사이클 ④물의 리사이클 ⑤생물공간 형성 ⑥수변공간 녹지조성 ⑦역사, 문화존 살린 녹지조성이었다.

녹의 기본계획에서 강조한 것은 녹의 네트워크이었다. 네트워크는 대규모 녹지와 녹지, 하천과 녹지연결 등을 녹도로 가급적 연결하는 것이다. 녹도는 바람길 역할을 하며, 도시열섬화를 어느 정도 낮추고, 야생조류의 수관(樹冠) 이동으로 도심에서의 생물 이동통로서의 역할, 녹도 그늘을 시민들이 이용하여 보건, 심리적인 건강에 보탬을 준다고 한다. 도시계획상 오사카시의 공원은 964개소(2008년 현재)이며 4개소는 오사카후에서 조성, 관리하고 있다.

2006년 수목 및 수림율(樹木, 樹林率 ; 잔디면적을 빼고, 가로수까지 포함)이 6.8%인 것을 2050년까지 15%로 높인다고 하였다. 1990년 오사카시 수목수 680만주, 가로수 112만주, 공원수 2,676개소였는데, 2001년에는 수목수 990만주, 가로수 570만주, 공원수 4,164개소로 증가하였다고 한다. 2005년 시민 1인당 공원과 녹지 면적이 4.5m²였는데, 2050년대까지 7m²를 목표로 한다고 하였다.

2006년에 29.3%가 콘크리트나 아스팔트 등으로 덮여 있는데 옥상녹화는 20% 정도만 되어 있다고 한다. 오사카시는 열대야 기일이 길고, 지난 백년 간 평균온도가 2℃ 상승했다고 한다. 반면에 일본 전체는 1℃ 상승했다고 한다.

그러기에 녹도를 이용한 바람이동이 중요하며, 임해부 지역은 서에서 동으로, 도심에서는 하천, 도로를 통하여 바람이 불게 하는 바람의 거리, 생물의 거리를 2007년부터 조성하고 있다고 한다. 1974년 재건축법에 의해 2천m²이상 조성하려는 건물은 3%이상 녹지확보가 지도사항이었지만, 2009년 4월부터 1천m²이상 신축건물은 10%이상 녹지확보, 옥상면적 20%이상 녹화가 의무사항이 되었다고 한다.

녹도를 이용한 바람길이 중요하기에 거점녹지의 난바파크(크기 1만 m²), 만박기념공원, OBP, 나가이공원, 남항포트를 연결하는 今川녹도(남북 길이 3.5km), 大野川 녹음도로(길이 4km, 100종류 13만주 수목식재), 城北녹도 등이 중요한 공기이동의 기능을 담당하고 있다고 한다.

1. 오사카성과 매화원

오사카성 면적은 105만m²이고, 개원은 1931년부터라고 하며 오사카시 거점녹지 역할을 하고 있다. 입구에 전정을 한 나무들이 입장객들을 반긴다. 성에서의 전망경관이 좋았다. 2월 말 매화원의 현란한 꽃 색깔, 북쪽 OAP와 OBP지역 녹나무의 3월 신록이 아름답다.

오사카성 입구 분수((07.02.01)

오사카성 입구 설경(08.02.09)

설중매(08.02.09)

매화가 만개(10.02.23)

눈옷을 입은 매화나무(08.02.09)

매화나무 신록(08.05.11)

눈으로 덮힌 매화원(08.02.09)

오색꽃 매화원(10.02.23)

신록 매화원(08.05.11)

녹나무 신록과 천수각(08.05.11)

녹나무와 느티나무 신록(08.05.11)

고층건물, 신록, 물의 조화(08.05.11)

2. OAP 지역

  OAP는 Osaka Amenity Park이다. 오오가와(大川)를 끼고 있는 재개발 지역으로 OAP프라자(고층아파트)와 호텔지역으로 공개공지 녹지를 잘 조성하였다. 오사카성 북쪽에 위치한다. 꽃밭, 조각길 등이 조성되어 있다. 거목의 계수나무는 재개발 이전부터 그 자리에 서 있었던 것 같았다.

OAP는 Usaka Amenity Park. 재개발지역(05.01.16)

재개발지역이면서 공개공지로 녹지 확보(08.05.11)

녹나무와 철쭉 거리(05.01.16)

산다화 개화(03.01.03)

강변 녹지는 벚나무, 녹나무, 느티나무로 숲이 구성됨
(08.05.11)

조각의 길(08.05.11)

조각작품이 보인다(08.05.11)

또 다른 조각품(08.05.11)

공개공지내 유보도(08.05.11)

녹나무를 수벽 파도가 막아준다(08.05.11)

녹나무 산책로(08.05.11)

계수나무 고목(08.05.11)

녹나무 열병식(08.05.11)

오사카 다리에 나무를 심었다(08.05.11)

3. OBP 지역

OBP는 Osaka Business Park이다. 오사카성 북쪽 2개의 소하천 寢屋川이 둘러싼 델타지역이다. 토지형상이 삼각형 모양으로 밑변 600m, 높이는 800m로 면적을 계산하면 약 24만m²이다. 12채의 고층빌딩군으로 들어차 있는데, 건물마다 공개공지에 녹지를 조성한 것이 인상적이다. 한 건물 공개공지는 비오톱(Biotope)까지 조성하여 물이 고여 있는 습지는 반딧불이 서식처라고 한다.

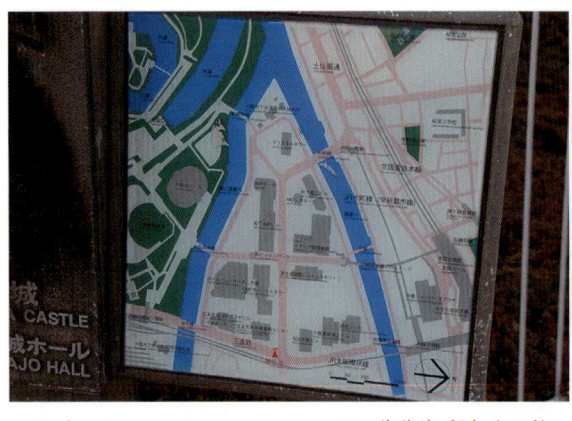

OBP는 Osaka Business Park로 재개발지역. 녹지는 모두 공개공지(08.02.11)

메인 빌딩 하나인 크리스탈빌딩 공개공지 녹지가 넓다 (08.02.11)

크리스탈빌딩 전정 녹지. 느티나무 동네(08.05.11)

느티나무 숲(08.05.11)

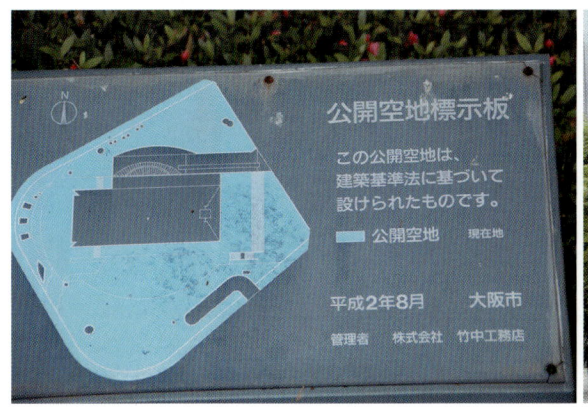

공개공지 표지판. 항상 공개하고 건물주가 관리한다
(08.05.11)

느티나무 신록(08.05.11)

녹지에 빈틈이 없고, 줄기가 굽은 나무도 없다
(08.05.11)

인공지반인데, 작은 못 비오톱을 조성. 반디불이 서식을 목표로 함(08.02.11)

OBP 메인도로. 4열 느티나무 가로수(05.01.17)

느티나무 신록(08.05.11)

풍나무 가로수와 화단(08.05.11)

지피식물 철쭉이 꽃피기 시작하였다(08.05.11)

크리스탈 빌딩으로 가는 도로 가로수(08.05.11)

풍나무(좌측)와 느티나무(우측) 가로수(08.05.11)

4. 난바파크

오사카 시내 중심가인 中央區에 위치한다. 일본 최대급 옥상공원으로 녹지면적은 1만㎡이며, 전속 가드너가 환경을 배려하여 무농약 관리를 하고 있다 한다. 8층 건물인데 공원입구 1층부터 8층까지 계단으로 연결되어 있어 옥상조경으로 생각되지 않는다. 사람, 식물, 새, 곤충이 함께 사는 오아시스로 조성하여 관리하고 있다고 한다. 2005년 개장하여 2016년까지 국토건설대신상(옥상녹화대상), 일본건

축학회장상, 일본토목학회환경상 등 9개 수상을 하였다고 리플렛은 설명하고 있다.

6월 중에는 5층 실개울에서 반딧불이 마을 프로그램을 운영, 4층에 수국식재지, 7층에 화단, 8층에는 열대식물이 자라고 있었다. 일부지역 채소경작지를 시민에게 빌려주어 시민농원을 운영하고 있었다.

옥상공원으로 1~8층까지 녹지가 연결. 면적 6ha. 1985년 개원(17.05.23)

가이드 맵. 각 층에서 녹지와 상점이 연결됨(17.05.23)

조성된 숲이다(05.03.30)

목소리가 고운 물길(05.03.30)

시민농원. 시민에게 임대주어 농사에 참여하게 함 (05.03.30)

목련 동네(16.10.31)

산딸나무 동네(17.05.23)

산딸나무 꽃(17.05.23)

고사리 마을(17.05.23)

매화오리나무 수형(17.05.23)

수련을 비롯한 수생식물들(17.05.23)

파피루스(17.05.23)

아열대 식물원(17.05.23)

붉은 꽃 병솔나무(17.05.23)

공작란 꽃(17.05.23)

8층 정원(17.05.23)

8층에는 꽃창포원이 있다(17.05.23)

분홍꽃 때죽나무(17.05.23)

8층에 키 큰 나무도 있고, 해송도 보인다(17.05.23)

나무 고사리(17.05.23)

5. 도시녹화식물원(都市綠化植物園)

오사카후(大阪府) 토요나카시(豊中市)에 위치하며, 토요나카시는 오사카시 북쪽에 자리한다. 전철 녹지공원역(綠地公園驛) 인근이다. 면적은 6ha, 1985년에 개원하였다. 녹화식물과 지피식물을 수집, 육성하여 도시녹화를 보급, 개발하는 것이 목적이라고 리플렛에서 설명하고 있다. 부민(府民) 이용을 위해 녹의 상담, 레크레이션 장소로 활용하고 있다고 한다.

원내에는 일본 국내외산 동백 6백주, 허브식물 2백종을 수집, 전시하고 있었다.

현재 약 7백 종류의 식물이 심겨져 있다고 한다(05. 03월 현재). 허브식물은 16~17세기 유럽에서 유행하였던 기하학적 정원(Knot Garden) 수법을 응용하였다고 한다. 허브식물은 약초식물에서 시작되었다.

식물줄기, 잎, 꽃, 종자 등을 사용하며 주로 향기를 이용하여 약이나 요리에 이용된다고 하였다. 허브역사는 기원전인 고대 이집트, 그리스, 로마시대부터 사용되었다.

도시녹화식물원 표지판. 85년 개원. 면적 6ha (05.03.31)

오사카후(大阪府) 핫도리(服部)녹지는 거대함. 남동에 녹화식물원 위치(01.02.14)

도시녹화식물원 안내도. 동백 6백 종류, 허브식물 2백 종을 전시(05.03.31)

온실 입구(05.03.31)

나무고사리(05.03.31)

온실내 동백나무 종류들(05.03.31)

온실과 치센(池泉)(05.03.31)

동백원(05.03.31)

별목련과 백목련(05.03.31)

붉은 반점 흰 겹동백 꽃(05.03.31)

관찰로변 관목 식재지(01.02.14)

출전 정원작품(01.02.14)

삼지닥나무 꽃색이 다양하다(05.03.31)

허브식물 전시원(05.03.31)

서양 정원에 허브식물 식재(05.03.31)

화분에 심겨진 다양한 허브식물(01.02.14)

허브식물 종류가 많다(05.03.31)

석축에 도관을 넣어 허브식물 식재(05.03.31)

메타세콰이아 마을(05.03.31)

물길에 쓰하마(州浜)까지 조성하고 돌배치도 하여 일본 정원을 조성(05.03.31)

목련꽃과 동백꽃 무릉도원(05.03.31)

6. 화박(花博) 기념공원

　오사카시 츠루미구(鶴見區)에 위치한다. 1972년에 개원하였고, 면적은 127.2ha에 이른다. 1970년 4월 1일부터 동년 9월 30일까지 국제 꽃과 녹의 박람회를 마치고 리뉴얼하여 개원하였다. 입구에 자연학습센터와 UNEP 국제환경기술센터가 자리하고 있다. 공원 안으로 들어서면 자연체험관찰원, 풍차의 언덕, 장미원, 일본정원, 한국정원, 국제정원, 오이케(大池), 꽃의 언덕, 온실, 대규모 잔디지역 등이 있다.

　온실내부는 난실, 수련실, 열대우림실, 다육식물실, 지중해식물실, 중국, 히말라야지구 식물의 록가든, 식충식물실, 극지(남극)식물실로 나뉘어 있다.

공원 표석. 72년 개원. 면적 127ha(05.03.31)

공원 입구, 4렬 메타세콰이아(05.03.31)

72년 박람회 각국 전시관 위치. 현재는 표석, 상징건물만 남음(08.02.11)

자연체험관찰원내 상수리나무(08.02.11)

잡목림 해설판. 숲구조 그림이 상세하다(05.03.31)

농경지에 세워진 풍차(08.02.11)

장미원내 실개울(08.02.11)

일본정원은 축경식. 원시림에서 물이 흘러 내린다(05.03.31)

물은 흘러 강물과 합류한다(05.03.31)

물은 세토나이카이(瀨戶內海)바다에 이른다. 일본정원은 이 세요소의 축약(05.03.31)

한국정원 안내도. 조성상태 그대로 남음(05.03.31)

한국정원 대문. 기와 지붕(05.03.31)

방지와 정자(05.03.31)

큰 호수, 풍차, 숲이 어울려 경관을 만들었다(08.02.11)

온실 외관(08.02.11)

열대 수련. 품종명 Jack Wood(08.02.11)

지중해 식물원. 지중해 사이프러스(08.02.11)

지중해 연안에는 건조지에 생육하는 식물이 많다 (08.02.11)

중국과 히말라야구. 고산식물위주(08.02.11)

록 가든(Rock Garden)으로서 이끼위주로 재현(08.02.11)

고산지대 침엽수 식생(08.02.11)

극지(남,북극) 식물실. 이끼식물 위주(08.02.11)

7. 만박(万博) 기념공원

오사카후(大阪府) 스이타시(吹田市)에 위치한다. 오사카시 북쪽이다. 이곳에서 1970년에 「일본만국박람회」가 개최되었고, 주제는 「인류의 진보와 조화」이었다. 박람회로 가득 지었던 건물을 없애고, 박람회성공을 기념하기 위해 「녹지로 둘러 싸인 문화공원」을 1972년부터 본격적으로 조성하기 시작하여 1980년에 현재 모습으로 정비되었다고 한다.

전체 면적은 260ha이며 중심에 자연문화원이 99ha, 일본정원이 26ha이다. 이 외에 스포츠, 레크레이션, 예술, 학술 등의 문화활동 장이 조성되어 있다. 자연문화원에는 약 260종 50만주의 수목이 여러 테마로 식재되어 있다. 정비된 지 40년이 되어 연중 70여종의 야생조류, 곤충, 담수어, 조개류 등이 서식하는 자립의 숲으로 발전되었다고 한다.

주요 테마원은 다음과 같다. 리플렛에 의하면 매화는 자연문화원(약 5,500㎡, 550주), 일본정원(55주) 모두 6백주를 식재하였다고 한다. 다원(茶園)에는 3,700㎡에 1만 5천주가 식재되어 있고, 벚나무원에는 9종 5,500주가 모여 있단다. 4천㎡ 부지에 동백나무 30품종, 3천주가 식재되어 있다고 한다. 수국원에는 30품종 약 4,500주를 보유하고 있으며 6월 장마철이 개화기 절정이라고 하였다.

세계의 숲은 만박에 참가한 나라들의 특유수종을 기부받았는데, 20여개국으로

부터 54종 수목종자를 송부받아 양묘하여 1976년에 식재하였는데 현재 70종 7천 주 수목이 자란다고 한다. 공중길(空中の道)은 만박 30주년 기념행사로 일본복권 회사가 설치하였다고 한다. 높이 3~10m, 폭 1.2m, 연장 300m, 두 개의 타워(높이13.5m, 19.0m)에서 수관층을 관찰할 수 있었다. 아울러 여러 학습시설로 자연을 체험할 수 있었다.

일본정원은 면적 26ha로 동서 1,300m, 남북 220m이며 서에서 동으로 경사진 지형으로 계류가 시대별 정원을 엮어 주고 있다. 서쪽 상류에 上代정원, 이어서 中世정원, 近世정원을 거쳐 동쪽 하류에 現代정원을 조성하였다. 이곳에서 연꽃원, 꽃창포원을 볼 수 있었다. 본 정원의 상세한 내용은 필자 지서 「101개소 일본정원」(2017)에 소개하였다. 이 공원의 수국, 꽃창포 품종은 본 저서 제1권에 소개하였다.

70년 만박후 복원, 80년 현 모습으로 개원. 자연문화원 99ha(05.04.02)

만박 상징탑(05.04.02)

느티나무길(05.04.02)

사토야마(里山)숲의 간벌 해설판(05.04.02)

간벌후의 잡목림(17.06.29)

습지식물인 미즈바쇼우(05.04.02)

낙엽진 프라타나스 길(05.04.02)

여름 프라타나스길(17.06.29)

자연관찰학습관(05.04.02)

만박 개최중에는 자연문화원은 건물로 꽉 차 있었다 (05.04.02)

72년부터 수목식재. 만박 30년후 모습(05.04.02)

학습관 내부모습. 학습자료가 가득하다(05.04.02)

종이로 만든 새들(05.04.02)

자연학습하는 아이들(05.04.02)

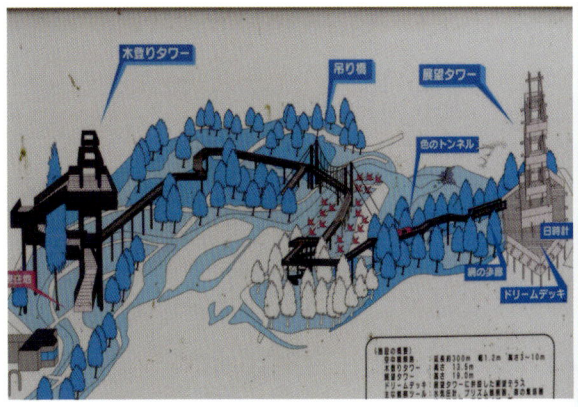

공중 산책로. 높이 3~10m, 연장 300m, 두개 타워
(13.5m, 19m)(17.06.29)

공중 산책로(17.06.29)

진입 타워(17.06.29)

한쪽에 칡이 자라고 있다. 너무 늦지 않았을까
(17.06.29)

전망타워(19m)에서 내려다 본 공중 산책로와 숲 전경
(17.06.29)

전망타워(17.06.29)

소나무 마을(17.06.29)

직선 하천이지만 생물서식처로 활용(17.06.29)

일본정원. 72년 조성. 면적 26ha. 서쪽부터 상대(上代), 중세, 근세, 현대 순(17.06.29)

중세 정원인 카레산스이(枯山水) 정원(05.04.02)

근세 정원인 치센(池泉)회유식 정원(17.06.29)

현대 정원인 추상적인 정원(05.04.02)

현대 정원 치센에 핀 연꽃(17.06.29)

8. 나카시마(中島)공원

오사키시 中央區에 오사카시청이 입지하며, 大川에 입지한 섬이다. 2008년 2월 8일 오사카시청 공원녹지부에서 오사카시 공원녹지현황을 듣고, 담당 공무원 안내로 시청옥상녹화 장소를 관찰할 수 있었다.

시청옥상녹화는 두 블록으로 나누어 조성 컨셉을 다르게 하였다. 북쪽 블록은 면적 370㎡에 곤충과 야생조류가 찾는 생물서식 공간을 조성하였다. 남쪽은 면적 400㎡에 해가 드는 밝은 공간으로 개방적이어서, 아름다운 조경공간으로 조성하였다. 녹지가 부족한 도시, 오사카에서 옥상녹화의 자연, 녹, 꽃으로 사람이 편안함을 느낄 수 있도록 하였다고 한다. 시민에게 녹지를 조성할 수 있는 마음을 갖도록 하는 공간으로 조성한 것이다.

섬에는 水源園이라는 기하학적인 정원과 조각품들, 장미원, 녹도 등을 만날 수도 있다.

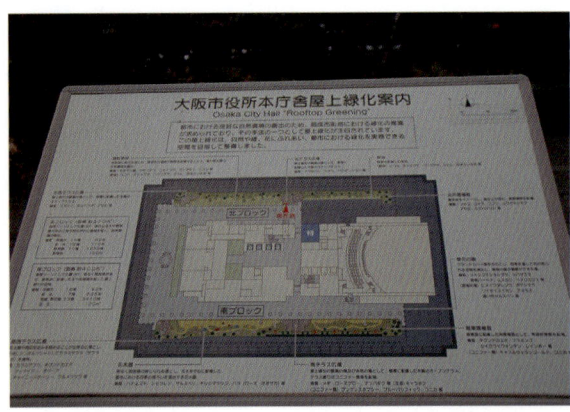
시청 옥상은 녹화시범지. 생물서식처(북), 휴게장소(남)로 조성(08.02.08)

곤충과 야생조류가 찾는 생물서식 공간으로 조성(08.02.08)

사람이 쉴 수 있는 공간으로 조성(08.02.08)

나카시마 청동상(08.02.08)

오오가와(大川)(08.02.08)

나카시마 정원(水源園) 안내도(08.02.08)

녹나무 마을(08.02.08)

겨울 장미원(08.02.08)

이 지역 역사 해설(08.02.08)

장미원 피라밑 형상 향나무(08.02.08)

녹나무 가로수길(05.01.16)

벽천(05.01.16)

오오가와 수변녹지(05.01.16)

조각 작품(05.01.16)

9. 미도스지(御堂筋) 가로녹지

　　오사카시 중심지에 위치한 도로로 1926년 식재한 은행나무 가로수길이다. 오사카 가로수로 제일 오래된 것 같다. 본 가로수 특징은 전정을 하지 않았다는 것이 특징이다. 그래서 어떤 가로수는 가지가 밑으로 처져 마치 능수버들을 연상케 한다. 가로에 해학적인 조각품이 배치되어 있어 보는 이에게 미소를 머금게 한다.

백년이상 수령 은행나무 가로수를 고유수형으로 자라게함이 특이(08.02.10)

길가는 사람들에게 웃음을 준다(05.03.31)

독립수 은행나무 수형(05.03.31)

공개공지가 도심의 오아시스(08.02.10)

녹나무 보호수(08.02.10)

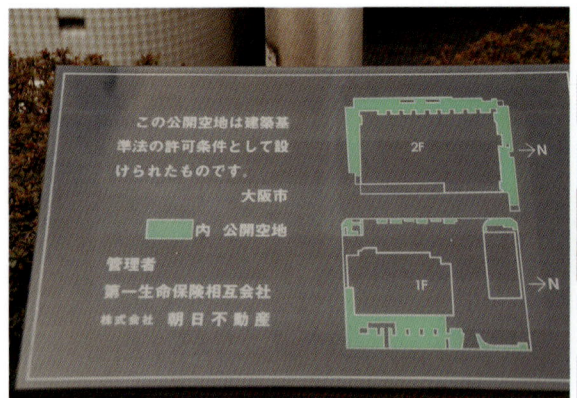
공개공지 표지판(08.02.10)

산다화 수벽(08.02.10)

망루개공지가 녹도로 이용(08.02.10)

86년 오사카경관건축상 수상(08.02.10)

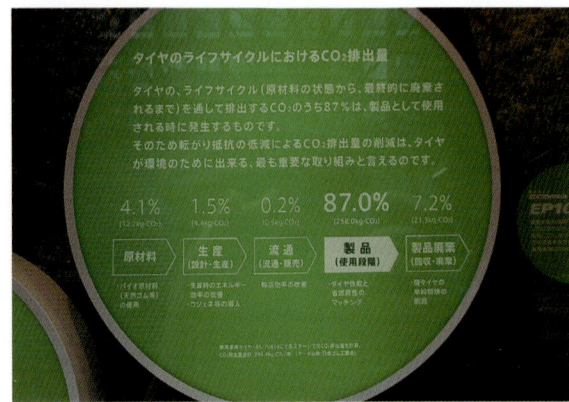
기업 홍보문. 생산, 유통, 사용, 폐기단계별로 탄산가스 배출을 줄인다는 것(08.02.10)

10. 남항(南港) 지구

1) 남항 야조공원(野鳥園)

1983년에 오사카 남항 야조원이 개원되었고, 총 면적은 19.3ha이며, 3개소 습지가 형성되어 있다. 北池는 4.0ha 크기로 해수지, 西池는 1.4ha 크기의 해수지, 南池는 3.8ha의 담수지가 형성된 것이다. 2005년 연간 탐방객수가 10만 명이라 하며, 2개소의 야조관찰소가 마련되어 있었다.

1933년 남항매립공사가 시작되다가 중단되었으며, 1956년에 공사가 재개되었으나 희귀종 오리류가 발견되어 시민운동으로 매립반대 운동을 하다가, 타협하여 1969년 야조원을 설치하기로 하고, 1978년 야조원 공사에 착수, 1983년에 완성된다. 2013년에 희귀종 오리류가 다시 날아오기 시작했다고 한다. 남항매립지 전체 면적은 1,100ha로 야조원 19.3ha는 작은 면적이다.

83년 개원. 면적 19.3ha. 매립지 한 부분(07.02.02)

3개 습지. 남지(좌) 해수지, 서지(우상)와 북지(우하) 기수지 (07.02.02)

고층건물 전망대서 바라본 야조공원. 3개 습지가 잘 보인다 (05.01.18)

야조원 내부. 나무는 식재 후 20년이 지나 숲형태가 됨 (05.01.18)

야조원 관찰사겸 자료실(05.01.18)

서지와 북지 제방밑으로 해수 출입이 가능하게 함 (05.01.18)

물새들은 갯벌 먹이 채취를 위해 긴부리를 갖고 있다 (05.01.18)

소쩍새(07.02.02)

물총새(07.02.02)

물새 관찰소(05.01.18)

북지는 기수지로 갈대가 자라고 있다(05.01.18)

남쪽 관찰사(05.01.18)

갯벌에서 먹이 채취하는 새들 행동(05.01.18)

느릅나무 종자는 야생조류의 먹이(07.02.02)

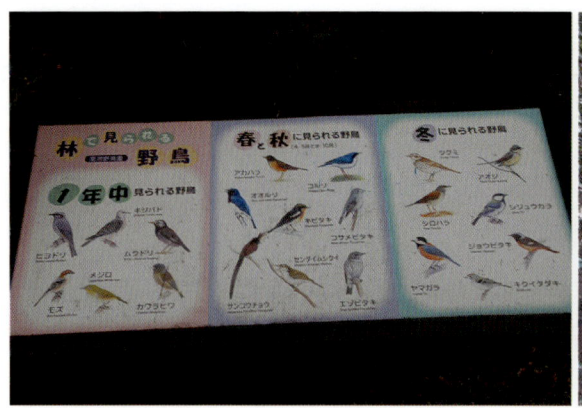 

야조원은 숲도 있어 숲새도 설명(07.02.02)　　상록활엽수림과 같은 구조이다(07.02.02)

2) 남항 주택단지 녹지

　　야조공원이 1983년에 완성되었으니 남항 공동주택단지도 이 시기에 완성되었을 것이다. 본 주택단지나 도로 녹지가 넉넉해 보였다. 주택단지내 공원은 1개소였으나 도로나 단지내 도로 완충녹지가 10~20m 정도이고, 단지내 완충녹지에는 계류가 조성되어 있었다. 이 지역이 매립지인 것을 감안할 때 보기드문 사례이다.

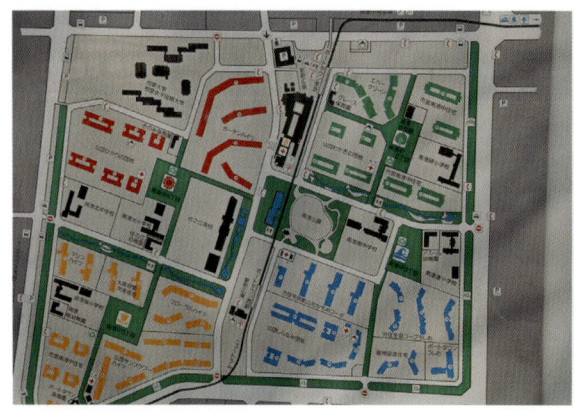 

4개 단지가 연결. 중앙녹지, 완충녹지 물길이 이채롭다　　넓은 인도. 녹나무로 에워 싸여 있고, 파골라도 설치
(07.02.02)　　(07.02.02)

인도에 숲을 조성. 녹나무 수형이 자연상태(07.02.02)

소나무 숲(07.02.02)

매립지임에도 호수를 조성(07.02.02)

고등학교 교정에 심은 세콰이아(레드우드)(07.02.02)

물길에 배치된 큰 돌들(07.02.02)

단지내 녹도. 걷는 주민 발걸음이 여유롭다(07.02.02)

후면에 왕대가 보인다(07.02.02)

단지내 채소 경작지(08.02.10)

숲과 같은 녹지(08.02.10)

느티나무 가로수(08.02.10)

물길의 작은 폭포로 물소리가 싱그럽다(08.02.10)

검은댕기해오라기 방문(08.02.10)

11. 센리(千里) 지구

1) 센리 산책녹도(Senri Green Promenade)

센리 뉴타운은 오사카시 수이타(吹田)시에 위치하며, 오사카시에서 북쪽으로 멀리 떨어져 있다. 녹도 현장에 설치되어 있는 안내판 설명에 의하면 센리뉴타운은 1965년에 착수하여 1972년에 완성되었다고 한다. 개발면적은 1,160ha, 계획 인구는 15만 명으로 일본 최초의 신도시계획이라고 한다. 이런 여러 내용의 해설판이 여러 개 설치되어 있다. 설명문 내용을 요약하자면, 개발 전 센리의 자연경관이 아름다웠으며, 현재도 주택경관을 보호하는 외곽 자연은 미개발지로 남아있어「녹의 성벽」역할을 하고 있다는 것이다. 센리 녹지는 표고 30~130m 구릉지로 赤松을 위주로 한 雜木林이며, 아울러 인공적으로 식재한 맹종죽림도 분포한다고 한다.

2002년 개발된 지 40주년이 지나자 뉴타운은 학술문화시설의 집적을 가져와 인구 9만 명의 북오사카 중심의 도시가 되었다고 한다. 그렇지만 개발된 지 40년이 지나자 시설노후화, 고령화 문제가 발생하자 지역자산을 활용한 가로역사를 계승하는 것을 도시재생의 기틀로 삼았다고 한다.

오사카후는 1997년부터 10년 이상 오사카후도(府道) 스이타미노센(吹田箕面線) 녹도를 조성하였다. 개발 초기에 식재한 수고 3m의 나무가 15m이상 자란 수목을 기본으로 하고, 도로계단을 휠체어가 다닐 수 있게 하였으며, 다양한 소재로 벤치를 설치하였다. 향기있는 꽃과 나무를 심어「센리 녹의 산책도로」를 조성하면서 센리뉴타운과 도로역사를 소개한 안내판을 세웠다고 한다.

스이타미노센(吹田箕面線) 자동차도로 폭은 50m인 간선도로이다. 주택지를 자동차에서 발생하는 분진과 소음으로부터 보호하기 위해 도로 양측에 폭 15m의 녹지대를 조성하였다고 한다. 녹도는 총 5km로 일본 최초의 대규모 녹도이다. 교목 3,200주, 아교목 1,500주, 관목 35,000여주의 수목이 식재되어 있다. 현재는 150종 이상의 식물이 자라고 있으며, 2006년 10월 국토건설대신상「녹의 도시상」을 받았다고 한다.

녹도에 심겨진 나무로는, 교목으로 느티나무, 녹나무, 벚나무, 담팔수, 아교목으로 후피향나무, 동백나무, 아왜나무. 담팔수, 관목으로는 만병초, 조팝나무, 상록활엽수 등이 있다. 공원면적을 비교하자면 센리 뉴타운은 18%, 오사카 4%(2006년 현재), 파리 24%, 런던 11%(1994년 현재) 등이다.

수이타미노센은 72년 조성, 97년부터 10년간 재조성 (10.02.22)

지역역사를 활용, 가로역사 계승으로 리뉴얼. 도로폭 50m, 양쪽 15m 녹지대(10.02.22)

센리 뉴타운과 도로 역사 해설. 센리 뉴타운 역사도 설명(10.02.22)

녹도를 3구간으로 나누어 거리, 걸을 때 소요 열량 표시 (10.02.22)

녹도 폭 15m, 길이 5km. 일본 최초 대규모 녹도. 교목 3천 2백주 식재(10.02.22)

아교목 1천 5백주, 관목 3만 5천주 식재. 150종이상 식물이 자람(10.02.22)

결국 가로 숲이 되었다(10.02.22)

샌리 지구 구릉 남부 용출수 역사 와 지형적 특성 (10.02.22)

센리 전체 산책로 지도. 일부가 중앙공원을 끼고 있다 (10.02.22)

걷고 싶은 길이다(10.02.22)

실개울 조성지역(10.02.22)

녹나무 숲(10.02.22)

주택단지 가로수길(10.02.22)

도로변 명소와 역사(10.02.22)

도로변 대규모 녹지 보전(10.02.22)

도로 생활 효용성. 하부 라이프 라인설치, 상부는 만남 장소로 이용(10.02.22)

명물이된 가로 녹지(10.02.22)

능수벚나무. 수형 스케치가 매력(10.02.22)

2) 센리(千里) 중앙공원

본 공원은 토요나카(豊中)시에 속해 있다. 공원의 넓은 면적에 자라는 보기드문 맹종죽공원이다. 오사카녹지백선에 선정되었다. 잠시 들렀는데, 큰 면적의 호수, 대형 미끄럼틀이 눈에 들어왔고, 공원에서 만박기념공원이 보였다.

대나무 공원. 대나무에서도 줄기가 굵은 맹종죽 (10.02.22)

대나무 관리가 잘 되어 생장이 양호하다(10.02.22)

대나무 숲경관. 매력적인 숲이다.(10.02.22)

오사카후(大阪府) 녹 백선으로 지정됨(10.02.22)

대나무 생산을 할 수 있는 지속가능한 숲이다 (10.02.22)

중앙공원내 호수(10.02.22)

메타세콰이아 식재지(10.02.22)

메타세콰이아끼리 키 자랑. 난형난제(10.02.22)

구실잣밤나무 수형(10.02.22)

공원 산책로가 정겹다(10.02.22)

무척 긴 미끄럼 시설물(10.02.22)

센리 뉴타운 일부 전경(10.02.22)

12. 우메다(梅田)스카이 빌딩 공개공지

1) 우메다스카이 빌딩 녹지

우메다스카이 빌딩은 JR오사카역 서쪽에 위치한 고층건물이며 공개공지로서, 북쪽 평지에 北野의 사토야마(里山), 남쪽 썬큰가든에 中自然숲이 각각 조성되어 있었다.

키타노(北野)의 사토야마 지역은 사토야마 잡목림, 논밭, 벌과 나비가 찾는 초원뿐만 아니라, 간벌재를 표고버섯균으로 분해시켜 투구벌레 유충먹이로 제공한다고 한다. 논밭이 있어 물이 흐르게 하는 등 일본농촌의 원풍경을 재현하려 노력했다고 한다.

츄시젠(中自然) 숲은 일본 소나무-졸참나무림을 모델로 조성한 곳이다. 이 숲을 둘러싸고 있는 최첨단 빌딩과 자연숲이 조화를 이루고 있다고 한다. 우메다스카이 빌딩의 공중정원과 공중다리를 츄시젠 숲에서 볼 수 있다. 이 숲은 「Island of Garden」이라는 명칭을 갖고 있다.

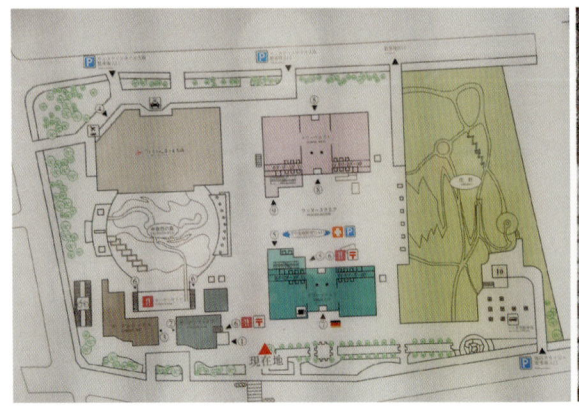

중앙 빌딩, 좌측 추시젠(中自然) 숲, 우측 숲과 농경지 (08.05.11)

동쪽 물길. 좌우 피나무 가로수(08.02.09)

우메다 스카이 빌딩. 두 빌딩이 공중에서 연결 (08.02.09)

93년 오사카 시설녹화상 최우수상 수상(08.02.09)

꽃 벌판인 신우메다시티 마을 뒷산(08.02.09)

꽃과 나비 정원. 고교 원예과 학생들이 식이 및 밀원 식물 식재(08.02.09)

꽃과 나비 정원(08.05.11)

딸기를 비롯한 밭작물 재배지(08.05.11)

논과 밭에 눈이 내렸다(08.02.09)

물길에 나무데크가 놓아 졌음(08.05.11)

습지식물들(08.05.11)

눈을 맞은 동백꽃(08.02.09)

물길에 배모양 섬을 조성(17.06.30)

졸참나무 시들음병 예방대책을 실시(17.06.30)

서양수국이 자태를 뽐낸다(17.06.30)

졸참, 물참나무 동네. 모두를 예방약 세례를 받았다 (17.06.30)

다듬어진 메타세콰이아와 히말라야시이다 그룹 (17.06.30)

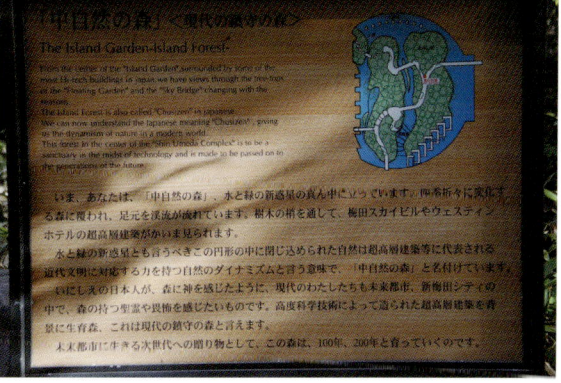

추시젠(中自然 森)은 Island Garden이라 부름. 하이테크빌딩속 자연임(08.05.11)

제6부 오사카(大阪) 공원녹지 | 301

숲은 섬인지라 물길이 에워 싸고 있다(08.05.11)

섬 내부는 낙엽활엽수림(08.05.11)

건물쪽 폭포(08.05.11)

후박나무(08.05.11)

자연숲 입구(08.05.11)

자연숲 밤(08.02.08)

2) 희망의 벽(希望の壁; Wall of Hope)

희망의 벽은 우메다스카이 빌딩 부지 동쪽인 동시에 사토야마(里山)지역과 연결된 지역이다. 유명한 일본 건축가 안도타다오(安藤忠雄) 작품으로「환경문화도시 오사카」를 심볼로 2013년에 제작되었다고 한다. 사람의 마음을 윤택하게 하는 나무와 풀들이 문화도시를 상징하고, 녹지가 적은 오사카에서 녹지는 시민에게 원기를 준다는 것을 표현하였다고 한다. 아울러 옛부터 알려진「상인의 가로」를 시민의 주도로 조성할 수 있다는 시민참가 정신을 나타낸 것이라고 현장설명문에서 이야기하고 있었다.

높이 9m, 길이 78m로 이루어진 녹화장벽에 철쭉, 수국, 덩굴성 식물, 다년초를 식재하여 사계절을 느낄 수 있게 하였다.

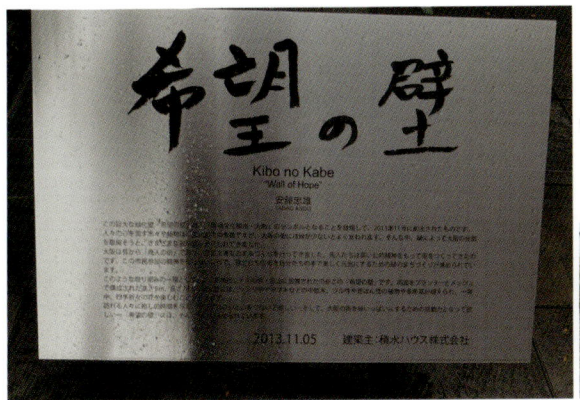

희망벽(Wall of Hope)은 일본 유명 건축가 타다안다오(安藤忠雄) 작품(17.06.30)

높이 9m, 길이 78m. 환경문화도시 오사카 심볼로 2013년 제작(17.06.30)

풀과 나무는 사람 마음을 윤택하게 하여준다고 한다 (17.06.30)

물길과 묘한 대조를 이룬다(17.06.30)

초본과 관목 사용. 칡까지 사용 (17.06.30)

조형 못에서 해가 지면 조명이 켜질 (17.06.30)

문을 통해 가로녹지에 집중할 수도 있다 (17.06.30)

희망의 벽은 우메다 스카이 빌딩 동쪽에 위치하여, 빌딩을 볼 수 있다 (17.06.30)

물길. 끝의 피나무 줄나무가 희망의 벽 공간을 연장시킨다 (17.06.30)

13. Grand Front Osaka

　2017년 6월 오사카역에서 북쪽 출구로 나가 우메다스카이 빌딩을 가려던 차에 새로운 건물과 공개공지가 눈에 들어와 발길을 옮긴 것이 Grand Front Osaka이다. 재개발한지 얼마 안 된 곳으로 고층빌딩 두 개 동을 수로와 녹지가 에워 싸고 있었다. 건물 벽에 3m정도 폭의 물길을 조성하였고, 여기에는 깨끗한 물이 흐르고 있었다. 특히 빌딩과 빌딩 사이에 못을 조성하였고, 뒷 건물 동쪽 공개공지에 숲까지 조성하였다.

　도로 쪽 인도에는 가로수로 은행나무, 후박나무, 벚나무, 종가시나무 등을 식재하였는데, 수형이 정형적이고, 수고는 6~7m, 줄기가 모두 통직하다. 녹지대에는 교목으로 산딸나무, 느티나무, 녹나무 등을, 아교목으로는 단풍나무, 잎이 평소에 붉은 노무라(野村)단풍, 산딸나무, 매화오리나무 등을 볼 수 있었다. 가로수 지역이나 녹지지역에 모두 철쭉, 치자나무, 수국, 사사류 등의 관목이 눈이 즐겁게 잘 식재되어 있었다.

　녹지는 부족하고 여름 무더위철에 도시열섬화 정도가 심한 오사카시 도심에는 재개발을 할 경우 많은 투자로 물이 흐르는 넓은 녹지를 조성하는 것이다. 녹지로만으로는 도시열섬화를 낮추는데 한계가 있기에 기화열로 온도를 낮추게 물길을 과감하게 조성하는 것이다. 아울려 번잡한 도심에서 자연의 소리인 물소리를 들을 수 있어 걸음이 절로 멈추어 진다. 현재 공사중인 키타우메다 가든지역에 재개발지역 공개공지, 우메다스카이 빌딩 공개공지, 그리고 이곳 Grand Front Osaka, 세지역이 합쳐져 오사카 도심의 녹지 관광지역이자 도시환경을 개선하는 중요 지역이 될 것이다.

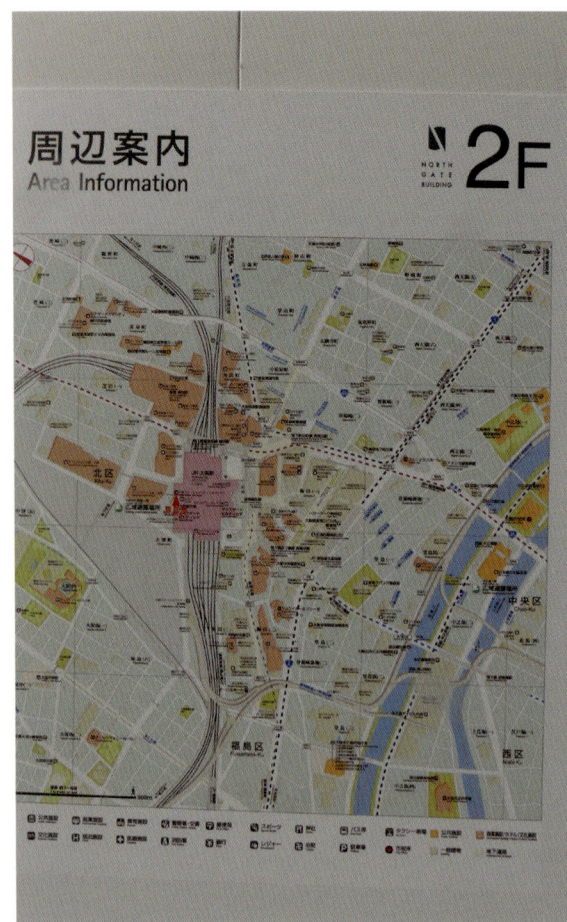

JR오사카역 북쪽 재개발지역 고층빌딩 공개공지 (17.06.30)

공개공지와 가로녹지가 일체감을 갖고 있다(17.06.30)

건물 주변 물길. 물소리와 도심열섬화 완화가 동시에 이루어짐(17.06.30)

수형이 뛰어 나다. 줄기가 곧고, 수관 고유특성이 살아 있다(17.06.30)

넓은 공간에 사토야마(里山)를 재현(17.06.30)

인공지반에 넓은 못을 조성. 시민에 청정을, 도시에 열섬화 저감을 준다(17.06.30)

녹지와 녹도(17.06.30)

가로녹지까지 풍성한 공개공지 녹지이다(17.06.30)

여기가 세계도시중 가장 번잡한 오사카 도심이라 하겠는가(17.03.30)

걷고 싶은 도시 숲 산책로(17.03.30)

향기까지 더해 주는 치자꽃(17.06.30)

JR오사카역 북쪽 광장 건물은 배같이 생김. 거리이름이 Ship Mall(17.06.30)

계단폭포로 물소리가 대단하여 자동차 소음을 먹어 버린다(17.06.30)

아일랜드 녹지이지만 울창하다(17.06.30)

제7부
고베(神戸) 공원녹지

제7부 고베(神戶) 공원녹지

고베(神戶)시는 효고(兵庫)현청이 있는 도시이다. 고베는 남으로 바다, 북으로는 산을 배후로 하고 있다. 북쪽 산지는 롯코산(六甲山; 해발 931m)과 마야산(摩耶山; 해발 702m) 등의 연봉으로 에워싸여 있다. 그러기에 고베는 남북으로 해안선에서 폭 2~3km정도인 평지에 사람들이 거주할 수밖에 없었다. 최근에 들어서 건축기술 발달로 북쪽 산비탈에 건물들이 들어서고 있다.

고베시는 1868년 개항 이후 외국문물이 들어오기 시작했으며, 1899년 시(市)제도를 도입하였다. 당시 고베 면적은 26.08km², 인구 13만 4천 명이었다고 한다. 현재는 면적 545km², 인구 149만 명(2017. 7)이라고 한다. 1975년 7월 1일 한신(阪神)대지진으로 4,751명이 사망하였다고 한다.

1960~1980년에 고베 앞바다에 두 개의 인공섬, 즉 포트아일랜드와 롯코아일랜드를 조성하여 신시가지를 개발하였다고 하는데, 고베시내에서 각 섬으로 모노레일을 운영하고 있다. 아울러 포트랜드 남쪽을 매립하여 고베공항도 건설하였다.

시내에는 고베시청을 지나는 도로변에 플라워로드를 아름답게 조성하였다. 유명한 누노비키(布引)허브원, 삼림식물원 등이 우수한 자연이 남아있는 북쪽 산중에 조성되어 있다. 북쪽 삼림은 롯코산(六甲山)과 마야산(摩耶山) 등을 포함한 넓은 지역이 1934년에 지정된 세토나이카이(瀨戶內海)국립공원에 편입되어 있다. 그러나 현장에는 국립공원 안내판이 없었다.

현장에서 롯코산국립공원이 있다는걸 내가 모르고 있었구나 생각했었으나, 후에 국립공원 관계 도서를 살펴보니, 세토나이카이(瀨戶內海)국립공원에 롯코산과 마야산 일내의 넓은 삼림면직이 포함되어 있었다.

이렇게 국립공원으로 지정된 것을 숨기는 일은 드문 사례이다.

1. 포트 아일랜드(Port Island)

21세기 해상문화도시를 컨셉으로 1기(북부)는 1966~1981년, 2기(남부)는

1987~2012년에 걸쳐 총 833ha의 인공섬을 조성한 것이 포트아일랜드이다. 1960년대 초 컨테이너 항구의 필요성이 대두되어 1963년 11월 고베 의료산업도시를 컨셉으로 제1기 신도시 구상이 완성되었다. 전체 사업비 5천 3백억엔이 소요되었고, 이 중 공원녹지 조성에 99억엔이 투입되었다고 한다. 당시 계획인구 2만 명으로 세계 최대 인공섬이었고, 1995년 인구가 16,695명이었다고 한다.

성공적인 인공섬을 완성하고, 1981년 3월 29일부터 동년 9월 15일까지 Portopia '81 박람회를 개최하였다고 한다. 1995년 1월 17일 한신(阪神)대지진 당시 대규모 액상화 피해를 입었고, 피해복구에 상당한 기간이 소요되었다고 한다.

2006년 2월 16일 남단에 고베공항을 완성하게 된다. 2007년 이후 7개 대학을 유치하고 고베의료센타를 이전하여 고베의료산업도시로 태어났다고 한다. 고베시 자료에 의하면, 밝혀진 귀화식물이 239종인데, 유럽산 122종, 북미산 66종, 지중해 23종, 남미 10종 등이라 하였다. 인공적으로 조성한 생태계에 생활력 강한 귀화식물이 선점한 것이다.

현장을 방문하면 중앙도로 양쪽에 녹도가 잘 조성되어 있다. 특히 시민병원 남측 4차선 도로 양측은 폭 10m정도 되는 녹도로, 인도 폭 3m 이외에는 가로숲이 잘 조성되어 있다.

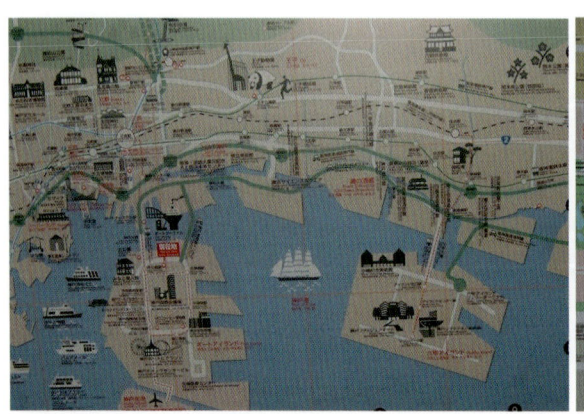

코베시 앞바다 두 인공섬. 좌 포트아일랜드, 우 로코아일랜드(03.01.01)

포트아일랜드 1966~2012년 매립. 면적 833ha(03.01.01)

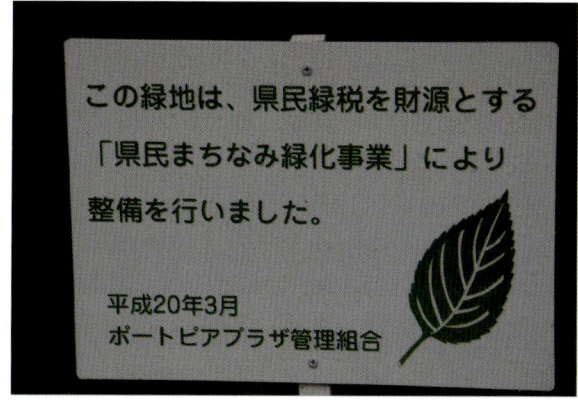
효고(兵庫)현 녹지세를 재원으로 인공섬 녹지조성 (08.05.10)

풍성한 가로녹지. 관목 녹지가 풍성하다(08.05.10)

벚나무 가로수길. 벚나무 자연수형이 호감이 간다 (08.05.10)

녹나무 가로수 신록(08.05.10)

북공원 입구. 항만공사 순직자비(08.05.10)

바다에서 뛰어 오르는 고래(08.05.10)

로코산(해발 931m)이 북을 막아 남쪽 바다로 향할 수 밖에 없다(03.11.30)

구실잣밤나무 숲(05.01.14)

시원한 물소리를 들려 주는 폭포(05.03.28)

잘 조성된 가로숲(05.03.28)

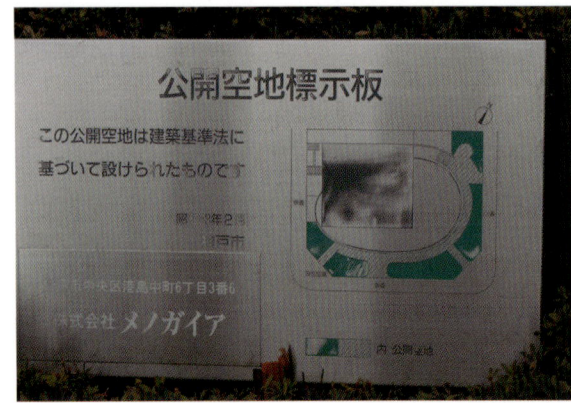
공개공지 표지판. 건물마다 거의 볼 수 있다(03.11.29)

시민병원 앞 가로녹지. 완전 차폐 수준이다(08.02.14)

시립병원 남측 가로 녹지 숲(08.02.14)

녹나무 거목(08.02.14)

소녀와 다람쥐(05.01.14)

시민 광장 폭포물이 내려 오기 시작한다(05.01.14)

시민 광장 종탑(05.01.14)

제7부 고베(神戶) 공원녹지 | 315

2. 롯코 아일랜드(六甲 Island)

　롯코산(六甲山)에서 돌과 흙을 가져다 조성하였다 하여 롯코 아일랜드라는 명칭을 붙였다고 한다. 롯코 아일랜드는 1972년에 착공, 1988년 신주택지가 완성되어 입주가 시작되었다고 한다. 전체면적 595ha, 2017년 인구는 19,253명이라고 한다. 이 지역은 국제패션도시건설을 컨셉으로 길이 5km 중앙도로 서쪽에 패션시티빌딩이 입지해 있다. 본 섬도 한신대지진 때 액상화현상 피해를 크게 입었다고 한다.

　매립지임에도 중앙의 모노레일 하부에 못과 물길을 조성하여 워터프론트 마린파크라는 이미지를 부여하였다고 한다. 중앙도로 양측 녹도, 주거지 녹지, 주차장 옥상 녹지가 풍요롭다. 가장 눈에 띠는 녹지는 북쪽 항만도로 남측 경사지에 폭 100m, 길이 750m의 완충녹지에 상록활엽수림을 조성한 것이다. 계획도시 녹지 조성의 진수를 보여준다.

　여러 곳의 녹도와 완충녹지에 녹나무, 종가시나무, 예덕나무, 붓순나무, 담팔수, 다정큼나무, 댕강나무 등으로 상록활엽수림을 조성하였다.

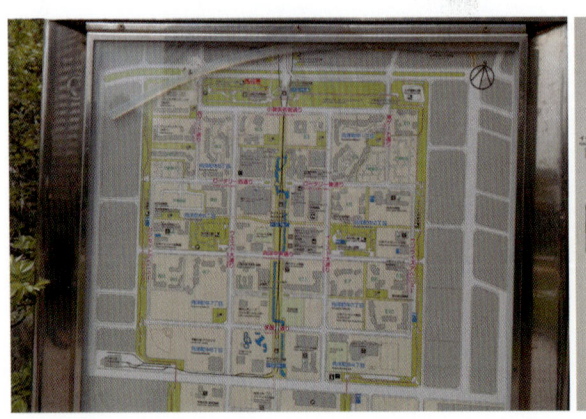 

로코아일랜드는 72~88년에 걸쳐 완공. 면적 595ha. 국제패션도시 컨셉(15.04.19)　　섬 북측 폭 100m, 길이 750m 완충녹지를 조성(08.05.12)

완충녹지 숲. 상록활엽수림(08.05.12)

완충녹지내 종가시나무 꽃. 유이화서이다(15.04.19)

리버몰은 건설성에서 데즈쿠리 향토상을 수상 (03.11.28)

리버몰과 눈 덮힌 로코산(六甲山)(08.02.13)

리버몰 분수(17.06.30)

리버몰 물길. 느티나무 가로수. 여기는 매립지인 데…(08.05.12)

제7부 고베(神戸) 공원녹지

가각광장은 도시계획법상 지구시설로 지정(08.02.13)

가각광장 조각 작품. 어린이와 고양이가 정겹다(08.05.12)

가각광장 조각 작품. 두 소녀 대화(08.02.13)

패션디자인 도시에서나 볼 수 있는 조각품(05.01.13)

주차장 옥상녹화. 공원으로 이용(03.11.29)

옥상녹화 공원. 침목형 나무데크(05.01.14)

단독주택 단지내 물길(03.01.01)

오구나무 열매와 단풍 잎(03.11.29)

녹나무 숲. 뛰어 내리면 튀어 오를 것 같다(08.05.12)

가로변 친수시설(05.03.27)

2011년 조성된 작은 장미원. 폭 2.7~5.6m, 연장 75m(17.06.30)

미니쳐(Miniature) 계통 장미(17.06.30)

녹나무 신록(08.05.12)

느티나무를 여러 주를 모아 심는 기법. 아교목 형태를 유지(05.01.13)

곧 나무터널이 이루어질까(17.06.30)

이제는 칡처리가 주요 관리 사항이 되었다(17.06.30)

3. 플라워(Flower)로드

　플라워로드는 고베시청을 지나는 30번 도로 중 누노비키(布引) 허브원 입구에서 항구의 메리겐파크에 이르는 도로에 붙여 진 이름이다. 고베시의 대표적인 도로 稅關線 연도지역을 고베시 도시경관형성을 도모하기 위하여 플라워로드를 설정하였다고 현장설명문이 말해 주고 있다.

　지정이념은 ① 품격있는 거리형성 도모 ② 개성과 아름다움이 있는 거리 조성 ③친근하고 여유있는 거리형성 도모이다. 지역 내 건축물과 공작물 신축, 개축할 때에는 도시계획국 어반디자인실에 계획서를 제출하여 논의가 있어야 한다고 한다.

산노미야(三宮)역에서 고베시청에 이르는 도로변에 꽃밭이 조성되어 있는데, 조원업체들이 자원해서 조성한 것이다. 시청 정문의 꽃시계는 건립한지 50년이 지났다고 하는데, 꽃이 웃는 얼굴모양을 하고 있다.

시청 남쪽에 위치한 東遊園地는 플라워로드와 연결되어 있다. 유원지 내 마리나탑 시계 시간이 고정되어 있다. 이는 1995년 1월 17일 오전 5시 46분에 발생한「한신아와지대지진(阪神淡路大地震)」(마그마 7.2)으로 시계가 멈춘 것으로, 넘어진 마리나탑을 세우면서 그대로 둔 것이다. 지진 발생한 날 시간을 잊지 말자는 의지를 나타낸 것이라고 한다.

유원지 남쪽에 지진에 희생된 사람들을 위령하기 위해 시민헌금으로 위령탑을 세웠다고 한다. 지하에 희생된 사람들 이름을 기록한「1. 17 희망의 등」을 2000년 1월 17일에 건립하였다고 한다.

유원지 한쪽에 양복 한쪽 팔부분과 바지모양의 큰 돌 작품이 땅 위에 배치되어 있다. 1872년 양복착용발령백주년기념으로 고베양복상공협동조합에서 조각품을 설치하였다고 한다.

플라워로드 가로수는 녹나무로 하부에 관목 및 초화류 화단을 조성하여 계절마다의 아름다움을 감상할 수 있다.

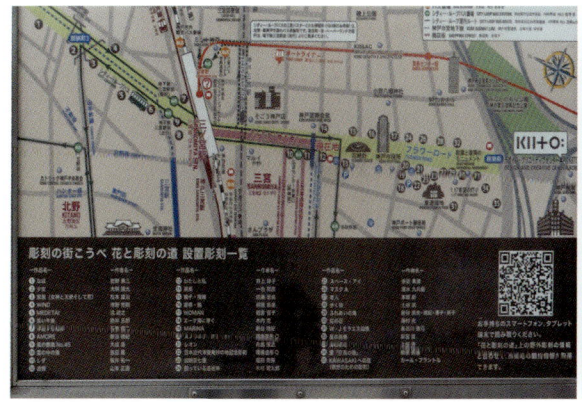

플라워로드를 도시경관형성지구로 지정. 35개 조각 작품을 설치(17.05.24)

액자속에 가로녹지가 사진이다(17.05.24)

1982년 작품. '추억'(05.01.15)

녹나무 신록(17.05.24)

녹나무로 둘러 싸인 꽃시계(17.05.24)

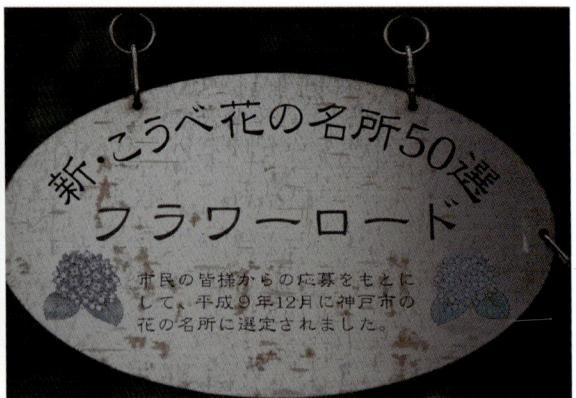

후라워로드는 97년 코베시 꽃 명소로 지정됨(08.05.08)

코베는 일본 마라톤 발상지. 1909년 3월 21일 11시 30분(17.05.24)

시청 남쪽 히키시유엔치(東遊園地)공원은 후라워로드와 연계됨(17.05.24)

코베 구(區)별로 구꽃이 지정되어 있어 동판으로 제작 (05.03.28)

녹나무 동네(08.05.08)

72년작, '스페이스, 아이'(아크릴제)(08.02.12)

물길과 낙우송(08.05.08)

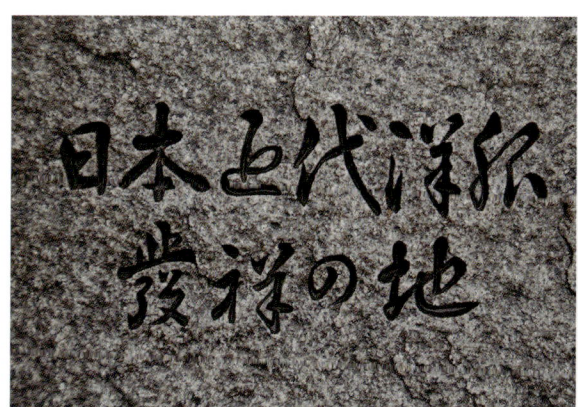
일본 근대 양복 발상지 표석(08.02.12)

1872년 양복착용령 발령 1백주년 기념하여, 양복을 형상화한 조각품(08.02.12)

제7부 고베(神戶) 공원녹지 | 323

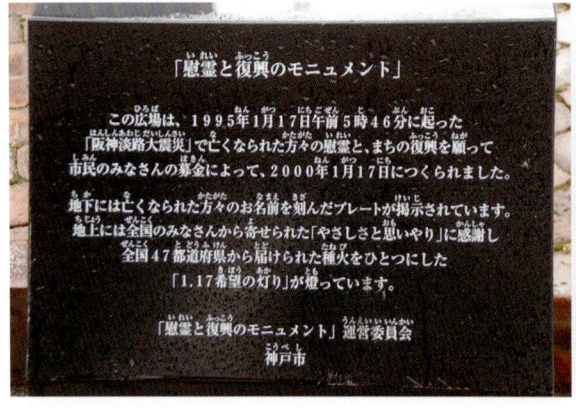 

95.1.17. 오전 5시 46분 한신아와지대지진. 모뉴멘트를 시민헌금으로 세움(08.02.12)

2000.1.17일 1.17 희망의 등 모뉴멘트를 세움(08.02.12)

느티나무가 모두 다간성 나무. 미적인 식재 방법 (03.01.02)

수반 거울(03.01.02)

지하에 한신아와지대지진으로 희생된 사람들 명단이 있다 함(03.01.02)

야외 스크린(17.05.24)

76년 제작된 마리나 시계탑. 대지진 피해를 입어 복구하면서 당시 시간으로 함(17.05.24)

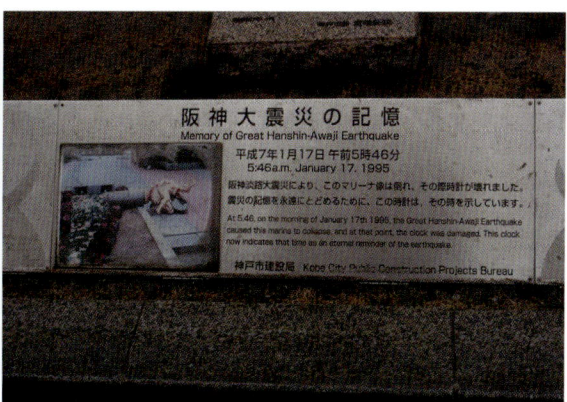
마리나 시계탑 피해사진(05.03.28)

옥상녹화(08.05.08)

상수리나무 동네. 조경수목으로 활용(17.05.24)

느티나무 길(05.03.28)

상수리나무 가로수(좌측)(17.05.24)

76년작. 로마의 공원(08.02.12)

여인상(03.11.30)

4. 메리겐파크

  메리겐파크는 고베항구 광장에 조성된 공원이다. 메리겐파크 중앙에는 복원된 「산타마리호」가 전시되어 있다. 현장설명문에 의하면 1492년 콜럼버스가 서인도제도 탐험시 탔던 산타마리호를 5백년 후인 1992년에 복원하였다고 한다.

  1991년 7월 13일 스웨덴 바로셀로나를 출발, 290일간 3만 5천km를 항해한 끝에 1992년 4월 2일에 고베항에 도착하였다고 한다. 배 무게는 120톤, 전체길이 82.21m, 폭 7.9m, 메인 마스트 높이 28m이고, 건조일은 1990년 4월 1일이라고 한다.

고베항구는 일본 이민역사와 관계가 깊다고 한다. 현장해설판에 의하면 고베항은 1868년에 문호를 개방하였는데, 국제 무역항, 수출항, 이민선 기지역할을 해왔다고 한다. 1990년 4월 1일 현재, 전 세계에 일본인 250만 명이 나가 있는데, 이 중 1백만 명이 해외이주자라고 한다.

1868년 하와이 집단이주(153명)가 해외이민의 선구자라고 한다. 1869년 제1회 북미이주(40인), 1885년 제1회 하와이정부 간 계약이민(약 950인), 1889년 페루이주(790인), 1908년 제1회 브라질 이주(781인)가 진행되었다고 한다. 1928년 국립이민수용소가 생기고, 1952년 전쟁 후 최초로 브라질로 이민선 출발, 1954년 도미니카이주(185인), 1956년 도미니카행(185인) 이민선이 요코하마를 출발한 것이 마지막이라고 한다.

코베항 광장. 메리겐 파크(03.11.30)

메리겐 파크 전경(08.05.08)

콜럼버스가 탓다는 산타마리호를 92년 바로셀로나에서 복원하여 가져 옴(03.11.30)

코베항 개항 120년 기념 나침판(08.05.08)

대형 물고기 상(08.02.12)

95.1.17. 한신아와지대지진 피해 입은 일부를 현지 보전 (08.02.12)

이민 가는 가족(08.02.12)

이민선 내력(08.02.12)

사진틀(08.02.12)

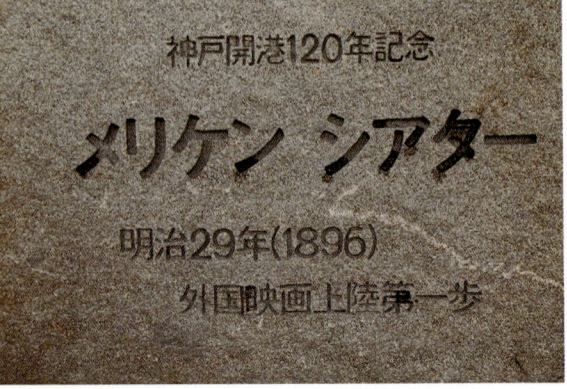

메리겐 시어터 표석. 1896년 외국 영화가 최초로 상륙 (08.02.12)

관광 유람선(08.02.12)

종루. 안의 종이 보임(08.02.12)

호텔 외양(03.11.30)

이스타섬 모아이 석상을 연상케 한다(03.11.30)

메리겐 파크 야경(03.11.30)

화려한 관광선(08.12.13)

5. 고베시 가로녹지

1) 구시가지 가로녹지

효고(兵庫)현청 북쪽을 지나는 간선도로변이다. 이 도로 인도를 꽃길로 만든 유래는 고베의 문화발전과 해외로의 비약, 평화를 상징하는 녹지 회복을 위해 1955년 고베시 녹화협회에 의뢰하여 조성하였다고 현장설명비에 적혀 있었다.

구시가지 인도에서 실개울을 볼 수가 있다. 현장설명에 의하면 1995년 1월 17일에 발생한 한신아와지(阪神淡路)대지진 교훈은 물과 녹을 잘 지켜야 한다는 것이라고 한다. 재해시 소화용수나 생활용수로 사용할 수 있게 인도에 실개울을 조성하였다고 한다. 국토건설성과 효고현이 「물과 녹지」일환으로 2001년 7월에 조성하였다고 한다.

화단과 조각품, 그리고 녹나무(08.02.12)

돌고래를 타고 있는 여인(08.02.12)

마음껏 자라고 있는 녹나무, 모자지간은 아닐까 (08.02.12)

땅에 만든 방향 표지판(08.02.12)

풍성한 가로 녹지(08.02.12)

녹나무 가로수길(08.02.12)

중앙 분리대 수목(우측)이 가장 크다(08.02.12)

녹나무 가로수(08.02.12)

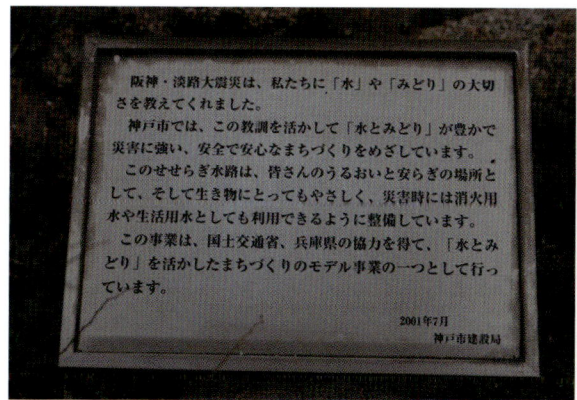
재해시 물이 중요하기에 인도에 실개울을 설치하였다는 설명문(05.03.28)

인도에 설치한 실개울 길(08.02.12)

제7부 고베(神戶) 공원녹지

돌로 만든 물길(05.03.28)

실개울 끝에 물이 고일 수 있는 공간(05.03.28)

가로녹지 이상으로 주택 녹지도 대단하다(03.11.28)

풍나무 단풍길(03.11.28)

스티로폼통에 심은 장미와 주택가 꽃밭(03.11.28)

녹나무와 철쭉 길(05.03.28)

2) 현청앞 가로녹지

현청 남쪽 도로 중앙 녹지에서 야마테(山手) 장미원을 볼 수 있었다. 사계절 꽃이 피고, 중륜크기의 꽃이 피는 후로리분다(Floribunda) 10종류, 덩굴장미 4종류, 미뉴추어 1종류 250주를 식재하였다고 한다.

현 청사 앞 녹지를 숲과 같이 조성하여 산책장소로 훌륭하다(08.05.10)

산딸나무 흰꽃(17.05.24)

현 청사 앞 가로녹지(17.05.24)

계수나무, 느티나무 등 나무동네(17.05.24)

현 청사 건물을 녹나무들이 에워싸고, 왼쪽 환영 부부상도 보인다(17.05.24)

녹나무 신록(17.05.24)

모자상이 현청 꽃밭 주인공이다(17.05.24)

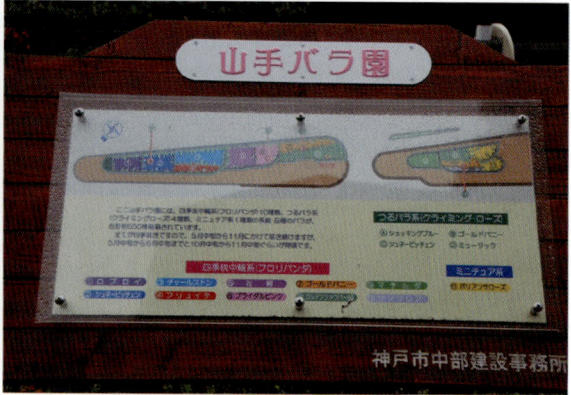
도로 중앙녹지에 간이 장미원 조성. 15종류 550주 식재 (08.05.10)

장미원 전경(08.05.10)

흰색 후로리분다(Floribunda) 계통 장미(17.05.24)

붉은 꽃 미뉴어츄어(Miniature) 계통 장미(17.05.24)

후로리분다 계통. 품종명 花房(17.05.24)

후로리분다 계통. 품종명 즈아이달핑크(17.05.24)

후로리분다 계통. 품종명 골드바뉴(17.05.24)

제8부
히메지(姬路)성과 가로녹지

제8부 히메지(姬路)성과 가로녹지

1. 히메지성(姬路城)

히메지성은 1580년에 착공하여 완성되기까지 9년이 걸렸다 한다. 근세에 와서 큰 개축이 있었고, 2차세계대전 때 폭격을 받지 않아 원형이 남아 있으며, 1993년에 유네스코 세계문화유산에 등록되었다. 성벽과 지붕 숫기와 이음새를 흰 회칠을 하여 겉보기에 성전체가 흰색으로 보여 백조의 성이라는 별명이 붙어 있기도 하다.

오테몬(大手門)을 지나 사쿠라몬(櫻門)에 이르는 길 왼쪽 성벽에 할머니 손방아 돌(姥ヶ石)이 벽 중앙에 박혀 있고, 보호를 위한 쇠망이 덮여 있다. 크지도 않은 돌이지만, 할머니가 볍씨 껍질을 벗기던 돌이었던 것이다. 이 돌을 성벽 쌓는 일에 보태라고 기부를 한 것이다. 이를 계기로 많은 돌 기부자가 이어진 모양이다. 정치권이 하는 일은 동서고금을 막론하고 같은 모양이다.

성내 건축물은 거대한 삼나무는 대들보, 기둥으로 사용되었다. 이것이 삼나무의 사후 보전 방법이라는데 선뜻 동의하기도 그렇다. 건물 내부에서 작은 창으로 시내 녹지 경관을 엿볼 수 있다. 시절만 맞으면 녹나무 신록, 은행나무 단풍도 감상할 수가 있다.

국보 히메지성 표석(03.11.28)

세계문화유산 표석(15.04.22)

1580년 축성, 전쟁 피해 없이 보전. 옛 자료로는 건축 벽과 기와를 흰 회칠로, 전체가 희게 보여 백조성이라고도
물이 많았음(03.11.28) 함(15.04.22)

해자와 녹음(08.05.03)   해자와 성벽(15.04.22)

정문 오테몬(大手門)(15.04.22)   이층으로 오를 수 있는 사쿠라몬(櫻門)(15.04.22)

여러 깎은 돌로 성벽을 쌓았다(15.04.22)

다듬지 않은 여러 돌로도 쌓았다(15.04.22)

두마리 백조가 성벽 사이로 보인다(15.04.22)

할머니 손방아돌. 이 돌이 헌납되어 돌모으는데 큰 역활하게 됨(15.04.22)

에도시대 성내외 주택 모형(15.04.22)

목재 골격 모형(15.04.22)

제8부 히메지성(姬路城)과 가로녹지 | 341

매우 굵은 대들보(15.04.22)

기둥들도 굵다(15.04.22)

몇 백년된 삼나무 기둥(15.04.22)

숫기와 이음새마다 흰 회칠을 하여 지붕이 희게 보인다 (15.04.22)

망새 모습(15.04.22)

히메지 가로. 단풍든 은행나무와 녹나무(03.11.28)

가로의 봄, 은행나무와 녹나무(15.04.22)

성밖 동쪽 봄 녹지 경관(15.04.22)

섬모양 녹지 봄 경관(15.04.22)

해자변 봄 경관(15.04.22)

봄경관 주인공은 활엽수(15.04.22)

녹나무 신록(08.05.13)

녹나무 초여름 단장(08.05.13)

느티나무(뒷쪽 나무) 초여름 신록(08.05.13)

단풍나무 신록(15.04.22)

등나무 꽃이 탐스럽다(15.04.22)

2. 히메지 가로수길

히메지역에서 히메지성에 이르는 길이다. 동쪽 길이 서쪽 길보다 잘 조성되어 있다. 동쪽 가로수길은 2열의 가로수가 심겨 있다. 차도 쪽에 녹나무, 상점 쪽에 은행나무가 서 있다. 녹나무와 은행나무 조합은 흔한 일이 아니다.

녹나무 밑에 꽃밭이나 관목군락이 조성되어 있는데, 여러 곳에 청동 조각품과 벤치가 한가로운 가로공원길을 지키고 있다. 가로 이름이 오테마에오도오리(大手前通り)이고 표지석 위에 잉어망새를 설치해 놓았다. 일본도로 백선에 선정된 도로로 잘 꾸민 가로길이다.

히메지성길로 중앙에 히메지성(15.04.22)

녹나무와 은행나무 신록(15.04.22)

역 광장 분수와 조각품(08.05.13)

86년 일본 백선 도로에 선정(08.05.13)

도로명 오테마에도리(大手前通). 망새를 올렸다
(08.05.13)

조각공원으로 꾸민 가로녹지(08.05.13)

가로수 길이 정겹다(08.05.13)

작품명, 현란(08.05.13)

여름 모자를 쓴 소녀(08.05.13)

녹나무 가로수 길(08.05.13)

두나무 질감이 이질적이다(08.05.13)

은행나무 전정이 강하다(08.05.13)

앉아 있는 소녀상(08.05.13)

녹나무 수형(08.05.13)

녹나무 줄기가 통직하다(08.05.13)

녹나무와 은행나무 수형이 대조적(08.05.13)

여인상 85(08.05.13)

녹나무가 모여 하나의 녹지경관을 형성(08.05.13)

두 여인상(03.11.28)

나부 좌상(03.11.28)

은행나무가 가을 옷을 입었다(03.11.28)

은행나무밑 꽃핀 초화류(03.11.28)

가로수와 지피식생. 지피식생은 철쭉과 송악이다(03.11.28)

제8부 히메지성(姬路城)과 가로녹지 | 349

제9부
오카야마(岡山)와
쿠라시키(倉敷) 공원녹지

제9부 오카야마(岡山) 및 쿠라시키(倉敷) 공원녹지

오카야마시는 오카야마(岡山)현에 속해 있고, 효고(兵庫)현 서쪽에 위치한다. 오카야마시에는 일본 3대 정원의 하나인 코라쿠엔(後樂園)이 있어 유명한 곳이다.

1. 모모타로(桃太郎)대로

오카야마역에서 동쪽으로 향한 도로이며, 1.8km 떨어진 아사히가와(旭川)로 가는 길이다. 가로녹지에 여러 모양의 청동상 그리고 개 동상들이 눈에 들어온다. 잘 키운 튤립나무, 풍나무 가로수와 버스정거장의 등나무시렁이 보기 좋다.

오카야마 JR역에서 아사이가와(旭川)에 이르는 길 (07.01.31)   도로 명칭 표석(18.05.11)

오모타로(桃太郎) 상. 어린이 조각 작품이 많은 도로 (07.01.31)

나무 형상 분수(07.04.28)

작은 버스정거장에 그늘막용으로 등나무 퍼골라를 설치(18.05.11)

튜립나무 가로수 수형이 양호하다(18.05.11)

거목 튜립나무 가로수(18.05.11)

울창한 가로녹지(07.04.28)

어린이 상(18.05.11)

느티나무 자연 수형(07.04.28)

휴게광장(07.04.28)

산성비 정보. 오카야마 PH 4.8의 산성비가 내렸다 함 (07.04.28)

아사이가와 건너 오카야마성 경관(07.04.28)

홍가시가 봄을 알려 준다(07.04.28)

풍나무. 붉은 잎은 작년 가을 잔재(07.01.30)

니시가와(西川) 녹지공원과 교차(07.01.30)

니시가와(西川) 녹지공원과 교차(07.01.30)

인공 구조물과 녹지(07.01.30)

어린이 좌상(07.01.30)

어린이와 비둘기(07.01.30)

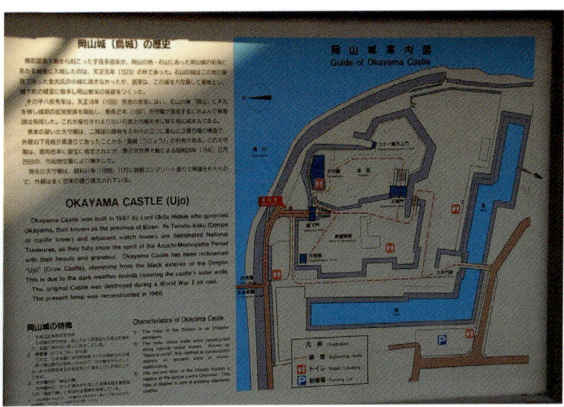

오카야마성은 전면 강, 뒷면은 해자로 둘러 싸임(07.01.30)

아사이가와(旭川)와 오카야마성(07.01.30)

천수각(天守閣). 벽면이 검어 까마귀(烏)성 이라고도 함 (07.01.30)

천수각에서 내려다 본 코라쿠엔(後樂園) 일부(07.01.30)

높이 6m인 축산으로 석가산인 동시에 유이신잔(唯心 　아름다운 쓰하마와 섬들(16.02.13)
山)과 철쭉꽃(07.04.28)

2. 니시가와(西川) 녹도공원

　동쪽에서 서쪽으로 향하고 있는 니시가와 녹지공원은 모모타로(桃太郎)대로와 오카야마역 남쪽 300m에서 직각으로 교차한다. 전체 거리는 약 3km정도이다. 관찰 도중에 만날 수 있는 시설물은 분수광장, 수상광장, 화목원, 창포원, 파골라, 조각의 숲, 화단광장 등이다. 녹나무, 풍나무, 벚나무, 느티나무의 거목을 만날 수 있다. 물가에 「조선인 수난비(朝鮮人受難碑)」가 서 있었다. 어떤 수난을 받았는지 내력이 없다. 또한 녹도공원 한 구석에 세운 것도 개운치 않다.

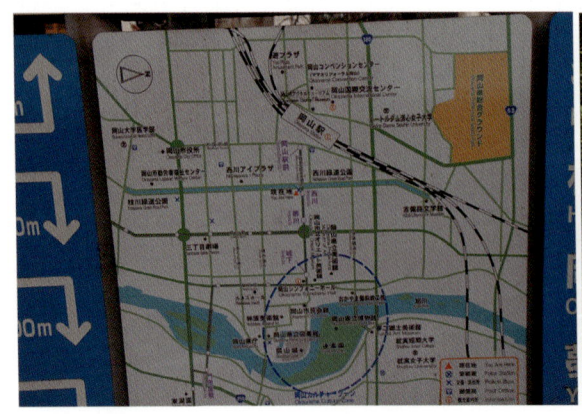 

니시가와(西川)는 오카야마 시내를 관통하는 하천　니시가와녹도공원(西川綠道公園) 표지판(18.05.11)
(07.01.31)

86년 7월 건설대신이 수여한 데즈쿠리 향토상을 받음 (18.05.11)

하천 물길위에 설치한 분수 (18.05.11)

하천변에 넉넉한 녹도가 조성 됨. 전장 약 3km (07.01.31)

여름철 하천변 녹도 (18.05.11)

지역 신문사에서 기증한 동상 (07.01.31)

하천 가운데 조성한 휴게시설(07.01.31)

녹나무와 물길이 조화를 이룬다(07.01.31)

단풍나무 숲터널로 물이 흐른다(18.05.11)

팔손이나무 잎이 유난히 반짝거린다(18.05.11)

느티나무들 녹음이 물색갈과 거의 비슷하다(18.05.11)

철쭉꽃 피는 철엔 니시가와를 붉게 물 들일 것이다 (18.05.11)

물가이기에 노랑 꽃창포를 식재하였다(18.05.11)

인근 소공원과 녹지가 연결된다(18.05.11)

아기를 업은 어머니(07.01.31)

여인상(07.01.31)

관목층 철쭉이 풍성하다(07.01.31)

하천 가운데 서 있는 시계탑(18.05.11)

여인상(18.05.31)

조선인 수난비가 외롭게 서 있다(07.01.31)

메타세콰이아 뿌리가 점점 물로 들어가고 있다
(18.05.11)

휴게 장소와 메타세콰이아(07.01.31)

여름의 메타세콰이아와 니시가와(18.05.11)

광장(07.01.31)

녹나무가 물거울을 보고 있다(07.01.31) 분리대 녹지가 조성되어 있다(07.01.31)

3. 쿠라시키(倉敷) 미관지구

쿠라시키시는 오카야마(岡山)현에 속하며 오카야마 서쪽에 위치한다. 4백년 전 토쿠가와시대(1603~1867)에 이 지역을 幕府의 직할지역으로 지정하고, 1614년에 군량미 수 만석을 저장할 창고를 짓고, 倉敷代官所를 설치하였다. 쿠라시키 하천을 통해 물자 수송이 용이하였기 때문이다. 이때부터 메이지시대까지 막부직할 지역이었다. 1866년 代官所지역이 불이 나서 피해를 입자 1871년 代官所를 폐지하였다. 1888년 代官所 자리에 쿠라시키 방직공장을 짓게 된다. 방직산업이 융성해지자 쿠라시키가 번성해지지만, 방직산업이 몰락하고, 현재는 방직공장을 국가 등록유형문화재로 지정하여 관광자원으로 활용하고 있다.

과거 건물을 미술관, 호텔, 레스토랑, 쇼핑센터로 활용하고 있다. 건물 이층 전면을 담쟁이로 덮어 「IVY SQUARE GARDEN」이라는 명칭을 붙여 특화를 시도하고 있다. 미관지구의 오하라(大原)미술관 내에 엘그레코(ELGRECO)의 「受胎告知(Annunciation);1590~1614년 작」, 클로드모네(Claude Monet)의 「수련;1906년작」 등 작품을 소장하고 있어 유명해졌다. 일본 최초 사립서양미술관이라고 한다.

쿠라시키 시내 아치(阿智)신사에는 수령 3백~5백년 생 등나무가 있다고 하여 가파른 돌계단길을 올랐으나, 2015년부터 3년 간 수세회복 치료 중으로 꽃구경은 언감생심이었다(18.5.13). 쿠라시키 本町, 東町은 상인과 장인거리로 지금도 이층 옛 건물이 보전된 상가에서 기념품 등을 판매하고 있었다. 옛날 代官所로 물자를 수송하였던 뱃길이 버드나무에게 추억을 들려 주고 있다.

쿠라시키(倉敷)시내 유일 산인 鶴形山. 阿智(아치)신사. 등나무 안내판(18.05.13)

지표면을 이끼가 거의 덮었다(18.05.13)

굴참나무 맹아림 수벽. 鶴形山에 굴참나무가 많다. 건조한 모양(18.05.13)

수령 3~5백년 등나무, 줄기둘레 1.5m. 2019년부터 꽃을 볼 수 있다함(18.05.13)

오카야마(岡山)현 천연기념물인 등나무가 2015년부터 치료받는중(18.05.13)

신사 경내에서 여러 주의 등나무를 볼 수 있음(18.05.13)

일본 원산 초령목. 佛前에 가지를 꽂는다 하여 招靈木 (18.05.13)

신사에서 내려다 보이는 쿠라시키 전통 가옥들(18.05.13)

과거 상인과 장인들이 모여 들었던 거리를 보전하고 있다(18.05.13)

옛건물 외부는 유지한채 내부만을 고쳐 상가, 주택으로 사용중(18.05.13)

아이비스퀘어 정문. 과거 방적회사를 문화, 상업시설로 개조(18.05.13)

담쟁이가 창문만 빼고 벽면 전부를 덮어 Ivy Square라는 명칭(18.05.13)

산딸나무 꽃이 달덩이다(18.05.13)

벽 전면을 담쟁이가 덮었다(18.05.13)

거목의 벚나무(18.05.13)

카이츠카향나무 수벽(18.05.13)

KURASHIKI IVY SQAURE 현판만 남았다(18.05.13)

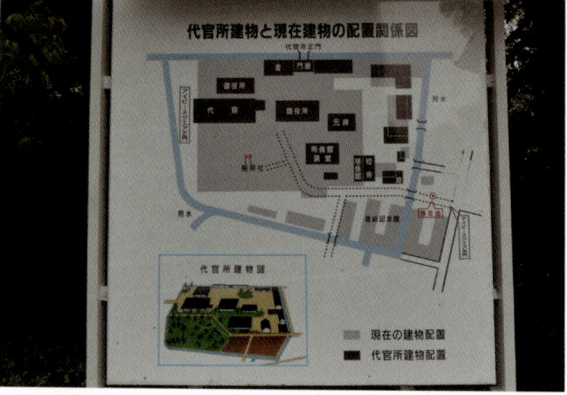
1866년 화재로 代管所 소실, 그후 방적공장 건물이 오늘로 이어짐(18.05.13)

구라보 기념관. 방적공장이었으며, 국가등록유형문화재 (18.05.13) 멀구슬나무 꽃(18.05.13)

거목의 멀구슬나무(18.05.13) 쿠라시키 강과 버드나무(18.05.13)

구리시키 강을 건너는 석교(18.05.13) 석교에 용을 음각해 놓음(18.05.13)

오하라미술관 정문. 엘 그레코(EL GRECO)의 수태고지로 유명(18.05.13)

신케이엔(新溪園) 입구(18.05.13)

전형적인 일본정원. 1893년 작정, 1922년 町에 기부 (18.05.13)

크고 작은 징검돌(飛石)(18.05.13)

작은 치센(池遷)으로 작은 폭포물이 떨어진다 (18.06.13)

유키미(雪見) 석등(18.06.13)

독특한 징검돌(18.06.13)

단풍나무들 수관끝선이 참 부드럽다(18.05.13)

여러 형태의 징검돌(18.05.13)

소박한 정자(18.05.13)

보기 드문 도기(陶器)로 제작한 등(18.05.13)

정자에서 바라본 정원 경관(18.05.13)

제10부
히로시마(廣島) 공원녹지

제10부 히로시마(廣島)시 공원과 녹지

1. 헤이와오도오리(平和通り) 가로녹지

평화기념공원 동쪽 도로이다. 인도 녹지폭이 넉넉하여 여러 종류 가로 숲을 볼 수 있었다. 구오오타가와(旧太田川)에 형성되어 있는 델타지역 초입부이다. 이 가로녹지의 특이한 점은 거목의 녹나무가 사람 3~4인이 배출하는 탄산가스를 흡수하는 능력을 가졌다는 팻말이 붙어 있다는 점이다. 그러기에 녹나무 등 나무들을 잘 보호해야 한다고 이야기하고 있었다. 아울러 거목의 히말라야시이다, 녹나무, 오가나무, 느티나무 등을 볼 수 있었다. 1986년 8월에 일본도로 백선에 선정되었다

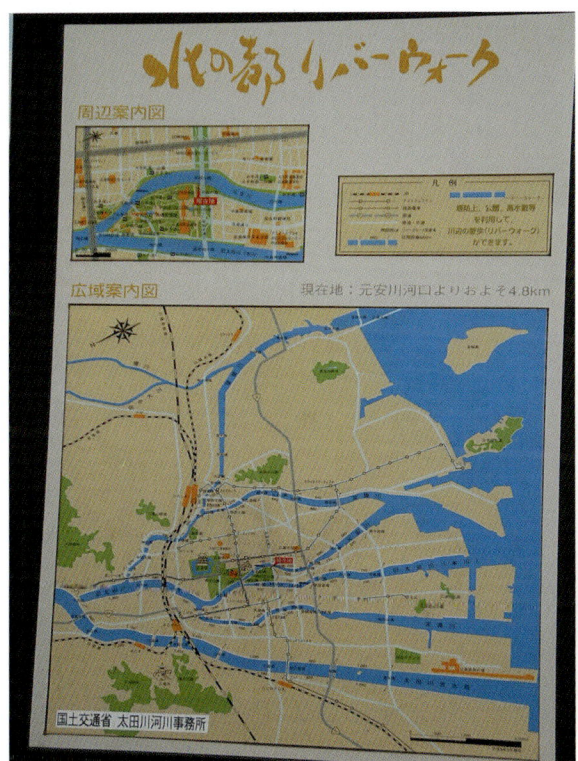

헤이와오도리는 하천하류 델타지역(07.01.28)

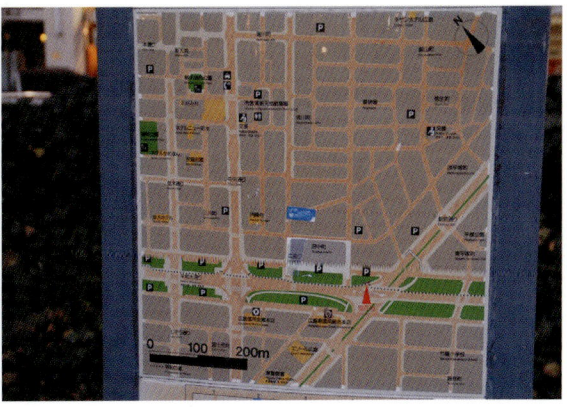

가로 녹지 면적이 넓다(07.01.28)

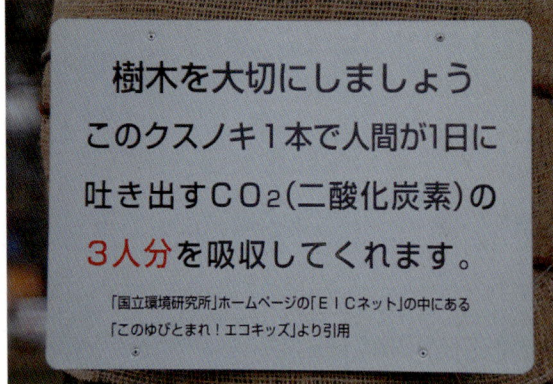

나무 한주가 사람 3명이 배출하는 탄산가스 흡수 능력 설명 팻말(07.01.28)

관목층 철쭉 관리를 잘 했다(07.01.28)

이 나무가 3명이 내뿜는 탄산가스를 흡수하는 능력을 가졌다(07.01.28)

분수 물소리가 이채롭다(07.01.28)

넉넉한 가로녹지(07.01.28)

공공기관 광장녹지와 연계되어 가로녹지가 풍요롭다 (07.01.28)

히말라야시이다와 녹나무(07.01.28)

느티나무 위용(07.01.28)

하천변 피복. 옆 녹나무는 4명이 배출하는 탄산가스 흡수 능력(07.01.28)

거울 앞에 서 있는 녹나무들(07.01.28)

돌정원과 고목들(07.01.28)

녹나무 가로(07.01.28)

'86.8.10 일본도로 백선에 선정(07.01.28)

탄산가스 흡수능력이 4명분에 해당(07.01.28)

석등과 돌들(07.01.28)

녹나무가 마음껏 자랄 수 있는 넉넉한 녹지(07.01.28)

2. 히로시마성(廣島城)

축성연도는 1589년이고, 메이지시대이후 육군용지로 사용하다가 1945년 원폭 피해를 입었다. 1958년 철근콘크리트 건물로 재건하였다고 한다. 해자경관이 아름답다. 녹나무와 먼나무 거목을 여러 주 성내에서 볼 수 있었다. 그 외 특이하게 호주원산의 유칼립투스를 볼 수 있었다.

히로시마 시내에는 한 량 전차 운행중(07.01.28)

히로시마성 해자(07.01.28)

히로시마 성벽(07.01.28)

오리종류인 흰죽지들이 모여 있다(07.01.28)

성 입구(07.01.28)

먼나무 열매(07.01.28)

먼나무 독립수(07.01.28)

산책로 양 옆에 서 있는 녹나무들(07.01.28)

건물 입구(07.01.28)

옛날 성내 건물 위치도(07.01.28)

천수각(天守閣)(07.01.28)

유카리푸투스. 호주원산(07.01.28)

3. 평화공원

공원 북단에 위치한다. 1945년 원폭피해로 건물 뼈대만 남은 상공회의소 건축물이 유네스코 세계문화유산에 등록되어 있다. 평화공원은 太田川 하류 델타지역에 조성된 공원이다. 1945년 8월 6일 원폭피해에 대한 평화를 기리기 위해 조성된 공원이라고 한다. 종이학을 든 소녀의 브론즈상이 심볼이다.

한 구석에 한국인원폭희생자위령비가 서 있다. 원폭피해자 20만 명 중 한국인 희생자가 2만 명이었다 한다. 이국땅에서 억울하게 세상을 떠난 분들이 이리 많을 줄이야...... 한국인희생자위령비는 1970년 4월 10일 재일본대한민국거류민단 히로시마본부에서 건립하였다고 한다. 매년 8월 5일 희생자위령제를 본 장소에서 지낸다고 한다.

평화 공원 정면(07.01.28)

'45년 원폭 피해건물 그대로 보존중(07.01.28)

'45년 10월 초에 찍었다는 원폭 피해 사진(07.01.28)

한국인 위령비. '45년 원폭때 조선인 피해자 2만여명. '70년 대한민국 재일거류민단에서 건립(07.01.28)

한국인 원폭 피해자 위령비(07.01.28)

종이학을 든 소녀 브론즈(07.01.28)

녹나무와 분수(07.01.28)

꽃시계(07.01.28)

녹나무 일색(07.01.28)

전정한 향나무 수벽(07.01.28)

평화 공원 분수(07.01.28)

원폭 피해 건물과 강물(07.01.28)

제11부
후쿠오카(福岡) 공원녹지

제11부 후쿠오카(福岡) 공원녹지

1. 후쿠오카 가로수

가로수 수종은 녹나무, 풍나무, 느티나무 등이며, 관리를 잘 하고 있었고 생장도 양호하였다. 가로수 밑에 초화류를 심거나 큰잎송악을 심어 띠녹지조성은 물론, 지피식생조성에도 성공적이었다.

풍나무 가로수(13.04.22)

느티나무 가로수(13.04.22)

가로화단(13.04.22)

녹나무 동네(13.04.22)

전정한 주목(13.04.22)

송악이 콘크리트 구조물을 덮었다(13.04.22)

지피식물 큰잎송악(13.04.22)

강변 콘크리트 구조물을 송악으로 덮는 일이 중요(13.04.22)

구실잣밤나무와 녹나무(13.04.22)

가로수밑에 꽃화분 배치(13.04.22)

이꽃을 구청 복지.개호보험과에서 사랑하는 마음으로 관리하고 하고 있읍니다(13.04.22)

잘 키운 가로수는 도심 녹지 기능을 잘 수행하고 있다 (13.04.22)

2. 텐진(天神)공원 아크로후쿠오카

1981년 縣廳舍가 이전한 뒤, 현 장소에 아크로 후쿠오카 Step Garden(Acro Fukuoka)를 세웠다. 전망대까지의 높이가 12층에 60m, 계단 수 809개, 조성시 76 수종 3만 7천주를 식재. 식재한 지 10년 후 120수종 4만주로 늘어 났다고 한다. 밀화부리, 멧새, 박새, 찌르레기 등이 외부에서 종자를 물어왔기 때문이라고 한다.

각 계단에 2단의 플랜트를 배치, 산봉우리와 계곡이 연속되는 것 같이 조성하였다고 한다. 목표는 60년 이상 된 숲의 모습 재현이라고 한다.

현재 생육 중인 수종은 상수리, 중국단풍, 종가시, 동백, 화백, 누운향나무, 후피향나무, 광나무, 보리수, 단풍나무, 구골나무, 굴거리나무, 구실잣밤나무, 팔손이, 황칠나무, 치자나무, 감탕나무, 중국굴피나무, 보리장나무, 나무수국, 검양옻나무, 졸참나무, 병아리꽃나무, 풍년화, 조팝나무, 느티나무, 쉬나무, 도단츠츠치, 천선과, 황매화, 아왜나무, 팽나무, 개서어나무, 산다화, 개나리, 싸리, 모밀잣밤나무, 화살나무, 생강나무, 때죽나무, 털머위, 매실나무, 돌참나무, 밤나무 등이었다. 구실잣밤나무와 보리수나무 개제수가 많았다. 1개월 이상 비가 오지 않을 때는 관수를 한다고 한다. 1995년 그린오피스상을 수상하였다.

Acro Fukuoka가 있는 텐신(天神) 공원 안내도 (13.04.22)

아크로 남쪽 전경. 12층 건물. 81년 조성. 당시 76수종 3만 7천주 식재(13.04.22)

조성후 20년 경과된 모습. 식재 초기 분위기가 남아 있음(01.02.10)

아크로 서쪽면. 오피스건물이다(13.04.22)

1층에서 12층 전망대까지 계단 809개, 높이 60m(13.04.22)

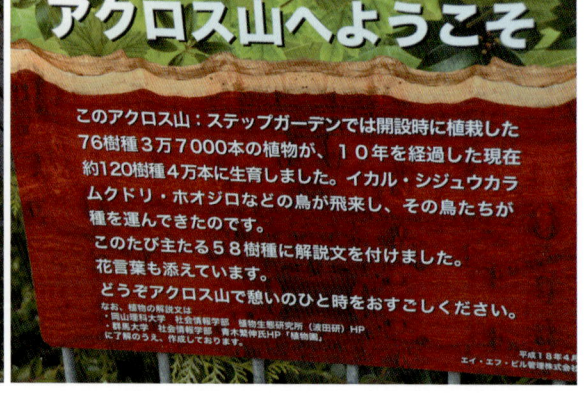

81년 식재 10년후 120종, 4만주로 총 44종, 3천주 증가 (13.04.22)

밑에서 올려다 본 경관. 한층에 두계단씩 조성 (13.04.22)

식재후 20~30년사이에 무척 성숙해진 것이다(01.02.10)

위에서 내려다 본 경관. 콘크리트 구조물이 많이 보임 (01.02.10)

계단정원 반대편은 오피스룸이다(13.04.22)

마가목 새잎(13.04.22)

황칠나무 새잎(13.04.22)

졸참나무 잎(13.04.22)

팔손이 잎(13.04.22)

졸참나무(13.04.22)

예덕나무 잎(13.04.22)

꽃 핀 보리수. 여러 곳에 식재됨(13.04.22)

종가시나무 누런 새 싹(13.04.22)

생강나무 잎(13.04.22)

개서어나무 잎(13.04.22)

상수리나무 잎(13.04.22)

산단풍나무 잎(13.04.22)

관찰로(13.04.22)

단풍나무(13.04.22)

굴거리나무 잎(13.04.22)

황칠나무 새잎과 묵은 잎(13.04.22)

3. 유후인(布引) - 후쿠오카 자동차 도로변 삼림경관

2013년 4월 22일의 경관이다. 졸참나무, 종가시나무, 녹나무. 삼나무 삼림경관으로 봄경관이 가을보다 결코 뒤지지 않는다는 것을 입증한 날이기도 하였다. 삼나무림도 모자이크 경관에 큰 역할을 하고 있었다.

조림된 삼나무와 자연상태 졸참나무림으로 묘한 어울림(13.04.22)

산 전체가 삼나무림. 큐슈지방은 삼나무림이 많다 (13.04.22)

삼나무림과 졸참나무림이 만들어낸 그림(13.04.22)

종가시나무림 신록과 삼나무림(13.04.22)

종가시나무림 신록(13.04.22)

삼나무, 종가시나무, 졸참나무들 모자이크 경관(13.04.22)

고속도로 사면에 설치된 태양열 집열판(13.04.22)

종가시나무 신록(13.04.22)

삼나무와 졸참나무림 경관(13.04.22)

홍가시나무 수벽(13.04.22)

4. 모모치해변

시사이드 모모치해빈공원은 면적 22. 2ha, 해변연장 1km, 해변 폭 50m(만조시)~70m(간조시)이고, 녹지 최대 폭은 50m라고 한다. 해빈공원 해송림 식재가 16년(2004년 현재)이 되어 2004년 2월 간벌로 186주를 베어냈다고 한다.

인공 조성된 사구(04.02.04)

해빈(海浜) 연장 1km, 폭 50~70m, 면적 22.2ha
(04.02.04)

해빈 유희 시설(04.02.04)

도심 풍경(04.02.04)

인공 해수욕장과 해송 방풍림(04.02.04)

방풍림 폭 50m(04.02.04).

빌딩과 방풍림(04.02.04)

해송림. 수고10m(04.02.04)

해송림 산책로(04.02.04)

벌채된 해송 벌근. 30년생으로 생장 양호(04.02.04)

방풍림 조성후 16년(_04년 현재) 경과되어 간벌 시행 (04.02.04)

방풍림 앞에 휀스를 쳐 비사를 방지(04.02.04)

제12부
나카사키(長崎)와
쿠마모토(熊本) 공원녹지

제12부 나가사키(長岐) 와 쿠마모토(熊本) 공원녹지

1. 하우스 텐보스(HUIS TEN BOSCH)

　네델란드어로 '숲속의 집'이라는 뜻이다. 물과 녹음으로 둘러싸인 부지에 운하가 조성된 테마파크이다. 1992년에 중세시대의 네델란드 거리를 재현하였다고 한다. 나카사키는 4백년 전부터 네델란드와 교류해 왔고, 「자연과 조화되는 거리」가 테마라고 한다. 네델란드 국토는 3분의 1 이상이 간척지라고 한다.

　단지 내 궁전이름은 '팰리스 하우스 텐보스'로 네델란드 여왕이 거주하는 궁전 외관을 재현하였고, 궁전 뒤쪽에 바로크 양식의 정원이 조성되어 있다. 밤에는 꼬마전등들이 만들어 내는 각종 조명물이 아주 볼 만 하다.

　하우스 텐보스가 지향하는 목표는 차세대에게 물려줄 수 있는 에너지파크로 태양열발전소를 가동하여 오수를 처리, 화장실 세척수, 수목관수, 비료로 사용한다고 한다.

하우스 텐 보스 정문(11.02.01)

대형 곰이 기다린다(11.02.01)

네델란드풍 호텔(11.2.01)

풍차(11.02.01)

네델란드(오란다) 왕실 문장(11.02.01)

거리(11.02.01)

고층건물에서 바라본 전경(11.02.01)

혹고니들이 모여 있다(11.02.01)

운하 거리(11.02.01)

이 지역은 녹나무위주 숲과 방가로 숙박 시설이 모여있다 (11.02.02)

왼쪽 녹나무림(11.02.02)

층위구조(교목층, 아교목층, 관목층)에 따라 수목 식재를 하였다(11.02.02)

덩굴장미를 올린 철 구조물. 야간조명에 이용(11.02.02)

야간 조명에 이용되는 왕비 마차(11.02.02)

제12부 나카사키(長崎)와 쿠마모토(熊本) 공원녹지 | 401

녹나무 길(11.02.02)

풍나무 길(11.02.02)

폐허 주택 정원(11.02.02)

작은 못 정원(11.02.02)

주택 정원(11.02.02)

추상적인 정원(11.02.02)

궁전 정원. 바로크 정원으로 하우스 텐 보스는 숲의 집 (11.02.02)

바로크식 정형 정원. 노트(Knot) 가든으로서 좌우 대칭 수법(11.02.02)

자수화단은 회양목, 주목, 조각품으로 구성됨(11.02.02)

못에 구조물 설치. 좌우대칭(11.02.02)

대리석의 항아리벽 조각이 정교하다(11.02.02)

조각품(11.02.02)

수목터널(11.02.02)

궁전과 정원(11.02.02)

분수의 여인상(11.02.02)

수벽으로 대리석 여인 조각품 정교함이 잘 드러난다 (11.02.02)

미로의 Knot Garden(11.02.02)

태양광발전 시스템으로 900kw 전기를 생산. 약 250세대 분(11.02.02)

가로수와 녹지를 표현(11.02.02)

풀 한포기, 한포기를 나타냄(11.02.02)

왕비마차가 궁전에 도착(11.02.02)

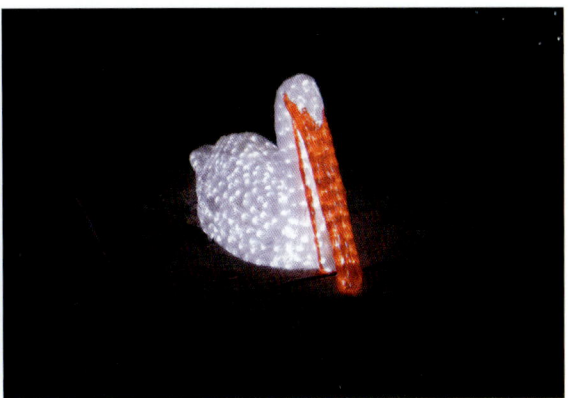
저어새 부리가 붉은 색(11.02.02)

2. 나가사키 시내녹지

1) 구라바 하우스

글러버(Thomas B. Glover)는 스코틀랜드 출생으로 1859년 일본 개국 이후 중국 상하이에서 들어 온 무역상이다. 1863년 글러버가 도래할 시기는 나가사키는 신문명 열기로 들떠 있었고, 상인들에 의해 서양학문이 전수되는 시내이기도 하였다. 당시로부터 백 년이 지난 지금 나가사키를 사랑하였던 글러버의 저택을 재현한 것으로, 개화기 초 서양인의 생활상을 일별할 수 있는 공간으로 꾸몄다고 한다. 원내에 수령 3백년 이상의 소철은 글러버가 살던 시기 번주가 선물한 것이라고 한다.

　원내에 1891년에 만들어진 수도전이 있는데, 당시 가정집에는 거의 없었고 가로에 공용전(共用栓)이 설치되어 있었다고 한다. 旧自由亭은 1878년 7월에 문을 연 서양요리점으로 1887년 폐점되었다고 한다.

　구라바정원 뒤에 大浦天主堂(Oura Catholic Church)은 국보로 지정된 목조건축물로 1864년에 축성되었고, 일본 26성인이 모셔져 있다고 한다.

그러버(Thomas B. Glover)가 1863년 무역상으로 도일. 주택 재현(11.02.03)

1864년 건축된 캐톨릭 교회. 일본 국보(11.02.03)

폭포(11.02.03)

1891년 조성된 수도전(11.02.03)

개항초기에 세워진 외국인 거류지 경계 표석(11.02.03)

치센(池泉)(11.02.03)

그러버 하우스(11.02.03)

정원(11.02.03)

여인과 아들 상(11.02.03)

서양요리 발상지 自由亭은 1878.7 개점, 1887년 폐점 (11.02.03)

녹나무 숲(11.02.03)

정자와 수목(11.02.03)

주인 살던때 기증된 소철. 이식된지 150년 경과(11.02.03)

용설란과 숲(11.02.03)

그러버 흉상(11.02.03)

후박나무가 돌벽면에 뿌리를 박고 있다(11.02.03)

2) 평화공원

히로시마의 평화공원처럼, 원폭피해에 대한 평화를 염원하는 뜻에서 평화공원을 조성한 것이다.

나가사키는 16세기 포르투갈 상선이 들어 오면서 무역거점이 되었고, 크리스트교가 전래된 후 번영하였다. 이후 크리스트교 탄압과 쇄국 정책이 실시되자, 나가사키는 네델란드, 중국과의 무역항 역할로 해외문화가 전래되었다. 이후 해운업이 정착되면서 조선업이 발달되어 2차세계대전 중에는 선박건조와 병기제조의 중심지가 되어 공습피해와 원자폭탄 피해를 입게 된다. 원폭피해자는 사망 73,884명, 부상자 74,709명(당시 추정 인구 20만명)이었다. 폭탄투하 지점 반경 4km내 건물은 모두 전소되었고, 소실된 토지면적이 6.7km²에 달하였다고 한다. 원폭자료관의 자료에 의한 내용이다.

평화기념관은 원폭 10주년인 1955년에 세웠다고 한다.

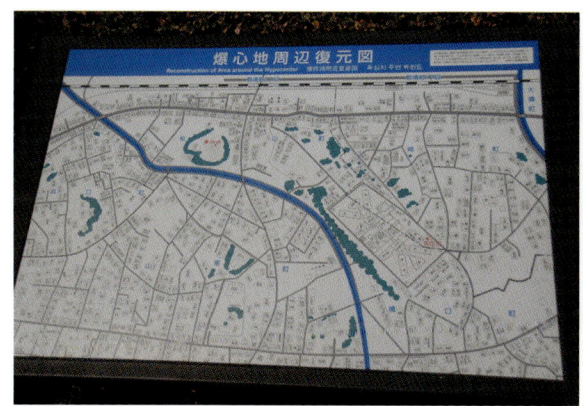

원폭피해이후 녹지가 많이 생긴 것 같다(11.02.04)

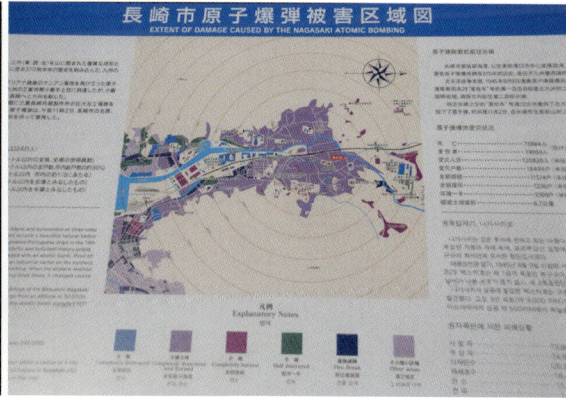

원폭 피해도(11.02.04)

원폭 피해 사진(11.02.04)

공원 입구. 분수 사이로 평화기념상이 보임(11.02.04)

평화 기념상. 55년 세움. 원폭투하 원인 기록이 없음 (11.02.04)

녹나무 산책로(11.02.04)

지상부 녹나무보다 수면 것이 더 잘 보인다(11.02.04)

선생과 학동들(11.02.04)

졸참나무(11.02.04)

구실잣밤나무 자연림(11.02.04)

나카사키-후쿠오카 도로변 삼나무림(11.02.04)

구실잣밤나무 자연림(11.02.04)

3. 쿠마모토(熊本) 녹나무 가로수길

　쿠마모토공항에서 북쪽으로 향하는 36번 도로 가로수길이다. 녹나무 수형이 잘 유지되고 있으며, 생장도 양호하였다. 띠녹지 폭이 보행로보다도 넓게 보였으며, 철쭉 등의 관목이 잘 자라고 있어 가로수길 자체가 싱그러웠다.

　중앙녹지는 2단으로 숲과 같이 조성, 반대편에서 오는 자동차가 보이지 않을 정도였다. 지방도로 가로수길로써 보행자보다 운전자들에게 풍성함을 보여주는 대표적인 도로이었다.

쿠마모토(熊本)공항에서 시내로 이르는 도로 가로녹지 (13.04.20)

녹나무 가로수로 관리가 잘 되고 있다(13.04.20)

띠녹지로 철쭉 식재. 보행로보다 띠녹지 폭이 더 넓음 (13.04.20)

녹나무 독립적인 수형. 영호한 외양을 띠고 있다(13.04.20)

가지가 잘 발달되었고, 葉量도 많아 수관내부가 꽉 차 있다(13.04.20)

녹지폭도 좁은데 녹나무가 잘 자라는 바결이 무었일까 (13.04.20)

중앙녹지를 잘 조성하여 반대선 자동차가 보이지 않음 (13.04.20)

중앙녹지가 사면녹지처럼 조성됨. 이런 것이 도시에서는 안될까(13.04.20)

참고문헌

えどがわ環境財團. 2012. 江戸川サクラガイドブック. 78pp.

えどがわ環境財團. 2013. えどがわ環境財團槪要. 42pp.

江戶川區. 2009. 新しい街路樹デザインー江戸川區街路樹指針ー. 80pp.

江戶川區. 2016. EDOGAWA CITY －生きる喜びを實感できる都市ー. 31pp.

江戶川區環境促進事業團. 2009. 江戸川區の樹木と野草ハンドブック. 43pp.

東京都. 2011. 都立公園ガイド 2011～2012. 190pp.

牧野富太郞. 1998. 牧野新日本植物圖鑑. 北隆館. 1060＋77pp.

相川貞晴, 布施六郞. 1981. 代々木公園. 東京公園文庫 27. 122pp.

李昌福. 1980. 大韓植物圖鑑. 鄕文社. 990pp.

Derek Fell. 1990. *The Essential Gardener*. ARCH CAPE Press. 763pp.

Edogawa City. 2008. *Shinsui Park and Shinsui Green Path*. 8pp.

참고리플렛

大原美術館. 오하라미술관 안내(한국어).

明治神宮. 明治神宮御苑.

新宿御苑管理事務所. 新宿御苑のみどころ.

倉敷市. 倉敷美觀地區.

Edogawa City. 2016. Furukawa Shinsui Park.

Edogawa City. 2016. Ichinoe Sakaigawa Shinsui Park.

Edogawa City. 2016. Komatsugawa Sakaigawa Shinsui Park.

Edogawa City. 2016. Shin-Nagashimagawa Shinsui Park & Shin-Sakongawa Shinsui Park.